W0335084

Susanne Nickel

VERZOGEN VERWEICHLICHT VERLETZT

Susanne Nickel

VERZOGEN VERWEICHLICHT VERLETZT

Wie die **Generation Z** die Arbeitswelt auf den Kopf stellt und uns zum Handeln zwingt

FBV

Bibliografische Information der Deutschen Nationalbibliothek:
Die Deutsche Nationalbibliothek verzeichnet diese Publikation in der Deutschen Nationalbibliografie. Detaillierte bibliografische Daten sind im Internet über http://dnb.d-nb.de abrufbar.

Für Fragen und Anregungen:
info@m-vg.de

Wichtiger Hinweis
Ausschließlich zum Zweck der besseren Lesbarkeit wurde auf eine genderspezifische Schreibweise sowie eine Mehrfachbezeichnung verzichtet. Alle personenbezogenen Bezeichnungen sind somit geschlechtsneutral zu verstehen.

Originalausgabe
1. Auflage 2024

Türkenstraße 89
80799 München
Tel.: 089 651285-0

Redaktion: Christine Rechberger
Umschlaggestaltung: Pamela Machleidt
Satz: Daniel Förster
Druck: CPI books GmbH, Leck
Printed in the EU

ISBN Print 978-3-95972-779-2
ISBN E-Book (PDF) 978-3-98609-519-2
ISBN E-Book (EPUB, Mobi) 978-3-98609-520-8

INHALT

EINLEITUNG: VOM SHITSTORM ZUM BUCH

Frühsommer 2022: Wir trafen uns zum Mittagessen bei einem köstlichen Italiener im Münchner Stadtteil Schwabing, um über Gott und die Welt der Unternehmen zu reden. Die Sonne strahlte über der Stadt, ein Parkplatz für mein Elektroauto war ausnahmsweise schnell gefunden und Francesco, der Kellner des Restaurants, begrüßte mich wie immer: charmant und herzlich. Meine Verabredung, die Chefin der Personalabteilung eines mittelständischen Unternehmens, war etwas früher da als ich. Wir kennen uns seit langer Zeit, sind per Du und vertrauen uns, was heißt, dass wir bisweilen auch über das reden, was man »das Eingemachte« nennt.

Wir fanden im idyllischen Garten des Lokals ein freies Schattenplätzchen und wählten beide aus dem Mittagsmenü; meine Wahl fiel auf Pasta. Wir hatten eine Menge zu besprechen, insbesondere zu den Themen Nachwuchs- und Führungskräfte. Wie so oft in diesen Wochen und Monaten drehte sich das Gespräch sehr schnell um Recruiting, also die Fragen: Wie gewinnt eine Firma junge Leute? Wie kann sie sie für lange Zeit an sich binden? Und wie bekommt man sie dazu, Führungsverantwortung zu übernehmen? So kamen wir vom Hölzchen aufs Stöckchen, so ein Mittagessen ist ja meistens ein Mix aus Privatem und Arbeit, gerade wenn man sich gut kennt. Die Nudeln schmeckten hervorragend, bis mir ein Bissen beinahe im Hals stecken geblieben wäre. Das lag nicht an den Spaghetti aglio e olio, sondern an der, wie ich fand, schockierenden Geschichte, die mir die Human-Resources-Chefin – Sie wissen, ohne

Anglizismen läuft in meinem Business nichts – in allen Einzelheiten erzählte.

Eine Bewerberin, nennen wir sie Laura, Mitte 20, war äußerst interessiert an dem Unternehmen und der ausgeschriebenen Position. Die Personalerin wollte Laura unbedingt einstellen: einerseits, weil es kaum andere Kandidaten gab, und andererseits, weil die junge Frau gut ins Team passte und fachlich auch geeignet schien. Sie verkaufte sich zudem selbstbewusst und zeigte einen neugierigen Blick auf die Welt. Sie stellte der HR-Chefin unter anderem folgende Frage: »Was machen Sie, um die Welt ein wenig besser zu machen?« Darauf hatte meine Verabredung eine gute Antwort, denn das Unternehmen räumt dem Umweltschutz hohe Bedeutung ein. So weit, so gut. Zuletzt wollte die Bewerberin wissen: »Warum sollte ich mich für Sie entscheiden und bei Ihnen anfangen?« Heißt: Die HR-Chefin musste die junge Frau von dem Unternehmen überzeugen – und nicht umgekehrt, wie es jahrzehntelang gang und gäbe war.

Wenn Sie glauben, ich rede hier über einen Einzelfall, irren Sie sich. So sieht die Normalität aus. Auch in der Wirtschaftswelt stecken wir in einer Zeitenwende, über die nur wenig öffentlich geredet – geschweige denn diskutiert – wird, weil die Auswirkungen für die Allgemeinheit noch nicht spürbar sind. Die Betonung liegt hier auf »noch«. Der Arbeitgebermarkt hat sich zum Bewerbermarkt gewandelt, was mit dem Fachkräftemangel zu tun hat, aber nicht nur. Junge und jüngere Leute haben eine Anspruchshaltung, die sie ohne Umschweife zum Ausdruck bringen. Die Wohlstandskinder der Generation Z fühlen sich zu Höherem berufen. Die Weltrettung ist das Minimum ihrer Ziele. Weshalb auch Arbeit in erster Linie einen moralischen Bezug oder sinnstiftenden Anspruch haben muss. »Ohne Purpose mache ich nichts«, heißt es in Vorstellungsgesprächen. Denn ohne »Purpose«, also ein tief im Unternehmen verankerter Sinn und Zweck des eigenen Schaffens, geht gar nichts.

Das mag – gemessen am Zustand der Erde – seine Berechtigung haben, ich kann es emotional auch verstehen. Aber hier zeigt sich ein großer populärer Irrtum in der jungen Generation, nämlich zu glauben, dass der einzige Zweck eines Unternehmens der sei, einen Beitrag dazu zu leisten, die Welt besser zu machen – und nicht etwa, dass es Wohlstand und Familien den Lebensunterhalt sichern soll.

Meine Lunch-Verabredung berichtete von diversen mehr oder weniger ähnlichen »Laura«-Erlebnissen, und ich war fast froh, als ich mein Essen geschafft hatte. Denn immer wieder musste ich schwer schlucken. Erst recht am Ende ihres Berichts über Lauras Bewerbungsgespräch – wobei ich mir bis heute die Frage stelle, wer sich eigentlich bei wem beworben hat:

Die junge Frau war im Anschluss an das Gespräch mit dem neuen Team sogar gemeinsam Mittagessen gewesen, damit sich alle früh kennenlernen und einen Draht zueinander entwickeln konnten. »Wir haben uns geeinigt, sie wollte noch ein paar Wochen reisen und weitere Erfahrungen sammeln. Wichtig war ihr auch, genug Freizeit zu haben, um für einen guten Zweck tätig zu sein«, erzählte mir die HR-Chefin. »Überall machten wir einen Haken dran, erfüllten all ihre Wünsche. Und obwohl wir jemanden für eine Vollzeitstelle gesucht hatten, akzeptierten wir ihre Forderung einer Viertagewoche. Wie gesagt, wir hatten kaum eine Wahl. Deshalb stimmten wir auch ihrer Gehaltsforderung zu, die im oberen Bereich für eine Berufsanfängerin lag.«

Ich kam wirklich aus dem Staunen nicht mehr heraus. Aber als ich das Ende der Geschichte hörte, fiel mir die Kinnlade endgültig in Richtung Spaghetti-Teller. »Der Arbeitsvertrag war unterzeichnet, mein Team und ich standen mit Blumen und Starter-Kit am ersten Arbeitstag parat und freuten uns auf die neue Kollegin. Doch die Einzige, die weder an diesem Tag noch irgendwann danach erschien, war Laura.« Nachdem ich die Fassung wiedererlangt hatte, erkundigte ich mich: »Das ist doch sicher ein Einzelfall, oder?«

Denn – wie gesagt – ich habe schon viele krude Recruiting-Storys aus Firmen gehört. Aber diese hier toppte alles, sie konnte nur ein Einzelfall sein. Dachte ich.

Doch leider nein. Ganz und gar nicht. Die Geschichte von Laura ist die neue Realität. Mittlerweile weiß ich von vielen anderen irritierenden Vorfällen mit jüngeren Bewerbern, Mitarbeitern und Azubis, die sich in den Katalog absurder Erlebnisse einreihen. Ich habe mit Kundinnen und Kunden gesprochen, Berichte gesammelt und mache mir einen Kopf darüber: Wo führt das hin? Was läuft da schief? Woher kommt ein solches Verhalten? Ist es hilfreich, sich nur auf die Generation Z am Arbeitsmarkt zu fokussieren, wo wir doch erheblichen Fachkräftemangel haben? Und vor allem: Wie können wir dem Engpass beim Personal konstruktiv begegnen, wenn eine Generation offenbar eine ganz andere Auffassung von Arbeit hat als die davor?

Das Thema ließ mir keine Ruhe. Vor allem aber wollte ich es nicht länger hinnehmen, dass es lediglich innerhalb der Wirtschaft – sozusagen nur unter Insidern – diskutiert wird und das auch nur hinter verschlossenen Türen. Jedem wird klar sein, dass ein Vorstandschef eines DAX-Konzerns nicht an die Öffentlichkeit gehen und vom Verhalten Lauras, Olivers, Emmas und Torbens in Vorstellungsgesprächen erzählen kann, davon, welche Ansprüche junge Menschen an Unternehmen und generell das Leben haben, die nur schwer bis gar nicht zu erfüllen sind. Oder dass ein Azubi nach einer Woche hinschmeißt. Oder eine Neueingestellte am ersten Tag im neuen Job nach wenigen Stunden bereits eine ausgiebige Pause braucht, »um den ganzen Input zu verdauen«. Das kommt gar nicht gut an und macht es schwieriger, Leute anzuheuern, die man vorher öffentlich bloßgestellt hat. Der Vorwurf des Jugend-Bashings liegt in der Luft und wird auch mich treffen: Aber es geht mir mitnichten darum, obwohl ich klipp und klar die Missstände benenne. Mich treibt nämlich ganz besonders die Kehrseite der Entwicklung um.

Die deutsche Wirtschaft ist auf die junge Generation Z angewiesen, was heißt, dass Unternehmen gezwungen sind, sich auf Veränderungen einzustellen. Sie müssen reagieren. Also ist auch das Teil der notwendigen Debatte, die wir dringend führen müssen.

So entschloss ich mich – wohl wissend, einen Shitstorm zu riskieren –, einen Gastbeitrag für das *Handelsblatt*[1] zu schreiben. Er hatte die Überschrift: »Generation Z floppt in der Arbeitswelt«. Im Vorspann stand: »Unternehmen klagen über anspruchsvolle junge Mitarbeiter. Sie sollten besser auf die über 45-Jährigen setzen – die sind krisengestählt und leistungsbereit, meint Susanne Nickel.« Exakt, das ist meine Meinung. Und offenkundig traf ich einen Nerv. Der Gastkommentar ging viral, wie das heute so schön heißt, er wurde Hunderttausende Male gelesen, der Kern des Inhalts sogar millionenfach, da andere Medien wie die *Bild*-Zeitung den Artikel aufgriffen. Der *Focus* schrieb: »Susanne Nickel, 55, wurde über Nacht berühmt.« Ich landete bei *stern TV* und erhielt eine Einladung von Markus Lanz.

Ich bekam Hunderte E-Mails, darunter viele aus Unternehmen und von Unternehmern, in denen stand: »Endlich spricht es mal jemand aus.« Mitunter waren die Lobeshymnen mit Dating-Absichten verbunden: »Das Beste, was ich je an Gastbeitrag gelesen habe. Wollen wir uns mal auf ein Glas Wein treffen?« Sogar ein Heiratsantrag war dabei, aber ich bin glücklich verheiratet. Natürlich waren nicht alle Botschaften freundlich. Wer heute etwas äußert, das polarisiert, kriegt verbal eins übergebraten. Der befürchtete Shitstorm blieb jedenfalls nicht aus. Noch einigermaßen nette Kommentare lauteten: »Oma, halt die Klappe!« By the way, das hat mich nicht sehr berührt, da ich – der Generation X angehörend – schon Oma von zwei entzückenden Enkelkindern bin.

Aristoteles wird das Zitat zugeschrieben: »Es gibt nur einen Weg, Kritik zu vermeiden: nichts tun, nichts sagen und nichts sein.« Das passt nicht zu mir. Ich stehe zu meinen Äußerungen und habe nichts zurückzunehmen. Denn auf dem Thema ist viel Druck drauf und Energie drinnen. Also mache ich mit dieser wichtigen Auseinandersetzung weiter, es geht ja schließlich um unsere Zukunft. Wir sind alle betroffen von den Veränderungen am Arbeitsmarkt, dem Fachkräftemangel, den schlechten wirtschaftlichen Prognosen und dem kontraproduktiven Verhalten vieler junger Menschen. Verlage sahen es ähnlich. Sie schrieben mich an, ob ich Lust hätte, ein Buch zu schreiben. Klar, das hatte ich.

Für den Fall, dass Sie als kritischer Leser die Stimme erheben und eine Langzeitstudie fordern, die all meine Thesen und Aussagen empirisch belegt, möchte ich schon hier erklären: Ich erhebe nicht den Anspruch, ein wissenschaftliches Buch zu schreiben. Ich setze auf die berühmte anekdotische Evidenz, meine Erfahrung und die meiner Kontakte: Ich bin seit mehr als zwei Jahrzehnten als Rechtsanwältin und Unternehmensberaterin unterwegs und habe für fast alle DAX-Unternehmen gearbeitet. Um dieses Buch anzureichern, war ich im engen Austausch mit Psychologen und Soziologen, die analysiert, recherchiert und ihr Wissen eingebracht haben, damit ich relevante Informationen sowie einen Rundumblick zur Studienlage einbinden kann. Doch in erster Linie geht es mir darum, Tendenzen, Stimmen, Stimmungen und Sorgen aus Unternehmen wiederzugeben. Ich bin mit dem Ohr an vielen Führungsetagen aller Ebenen, habe mit Hunderten von Managern und Mitarbeitern – übrigens aller Generationen – gesprochen und weiß, wovon ich rede. Gerade deshalb will ich Missstände aufzeigen, warnen und zum Diskurs anregen. Als Praktikerin und Umsetzungsberaterin liegt es mir am Herzen, Lösungen zu finden und zum Handeln aufzufordern.

Wir Deutsche verharren gerne im Jetzt und manche noch lieber in der Vergangenheit. Angela Merkel war als Kanzlerin so beliebt, weil sie es vermochte, der Bevölkerung einzureden, dass sich nichts ändern müsse, alles immer so bleiben könne wie bisher. Auch ihr

Nachfolger Olaf Scholz versucht sich in dieser Übung, scheitert aber kläglich. Wir reden und theoretisieren viel zu viel, ehe wir ins Handeln kommen. Mit Verlaub, aber mein Eindruck ist: Deutschland ist zu einer Laber-Republik verkommen. Wir haben jahrelang ausgiebig geredet und geredet, geschwatzt und geschwatzt – und jetzt ist es Zeit, etwas zu tun. Die gesamte Gesellschaft muss das Heft des Handelns in die Hand nehmen, damit wir nicht länger Getriebene bestimmter Entwicklungen sind.

Seit den mehr als 20 Jahren, die ich als Beraterin aktiv bin, wird über Missstände in Unternehmen gesprochen: Führung muss sich verändern. Manager müssen ihren »Untergebenen« noch wertschätzender begegnen. Wie oft habe ich den Satz gehört: »Die Arbeitswelt verändert sich rapide.« Der neueste Schrei ist »New Work«, auch »Arbeit 4.0« genannt, womit alles gemeint ist, was zur modernen, mitarbeiterorientierten Arbeitswelt zu Beginn des 21. Jahrhunderts gerechnet wird. Wir wissen seit Jahren – auch Frau Merkel und Herrn Scholz ist der Fakt bekannt –, dass die Generation der »Boomer« in Rente geht, eine große personelle Lücke in der gesamten Wirtschaft und Verwaltung entsteht. Nur holt uns die Misere jetzt schon ein, wie vor allem der epochale Fachkräftemangel zeigt, der sich immer stärker bemerkbar macht – inzwischen auch im Alltag, wenn etwa Busse und Bahnen ausfallen, weil es an Fahrern fehlt.

Nach gelebten Lösungen suche ich aber oft vergebens. Und positive Veränderungen sind häufig nur marginal spürbar. Da kommt jetzt eine Generation, die mit den Füßen abstimmt, uns mit dem Mangel an Bereitschaft zur Veränderung konfrontiert, Wandel einfordert und Unternehmen ein neues Denken regelrecht aufzwingt. Ein Schlag ins Gesicht für alle, die geglaubt haben, dass sich Deutschland nicht reformieren muss. Ich weiß aus vielen Gesprächen mit Chefs von Personalabteilungen aus Unternehmen mit einigen Hundert, Tausenden oder Zehntausenden Beschäftigten: Die

Generation Z ist krass, auch krass anspruchsvoll. Undiszipliniert und egoistisch.

Doch bei aller berechtigten Kritik, der ich mich anschließe, sage ich auch voller Leidenschaft: Es reicht nicht, nur auf die jungen Leute zu zeigen und sie mit ihrem Tun zu konfrontieren. Denn auch das ist eine deutsche Eigenschaft, gerne Fehler der anderen zu benennen, ohne zugleich zu sagen, wie es besser gehen könnte. Daher stelle ich die Frage, ob Unternehmen von dem Druck, den die junge Generation macht, auch profitieren können. Müssen sie ihre Kultur, Zusammenarbeit und Führung ändern? Es ist gut möglich, dass wir gar nichts großartig Neues entwickeln oder gar das Rad neu erfinden müssen. Vielleicht reicht es, in erster Linie das schon lange Erkannte und theoretisch x-fach Durchgekaute endlich umzusetzen. Was muss jetzt getan werden in den Unternehmen mit allen Generationen, am Arbeitsmarkt, in der Politik und auch von jungen Eltern? Einen großen Teil dieses Buches widme ich daher den Lösungen. Nieder mit der Laber-Republik. Anpacken ist angesagt.

TEIL 1

WAS LÄUFT FALSCH AM ARBEITSMARKT?

DIE EINEN RACKERN, DIE ANDEREN RELAXEN

Kennen Sie systemische Aufstellungen? Stellen Sie sich vor, Sie haben ein Puzzle, bei dem alle Teile miteinander verbunden sind und sich gegenseitig beeinflussen. Diese Puzzleteile sind manchmal Objekte, aber stets auch Menschen aus einer Familie oder einem Unternehmen. In der Aufstellung finden und suchen sie ihren Platz in dem System, in dem sie leben oder arbeiten. Die Positionen der einzelnen Teilnehmer – egal ob real oder Figuren – zeigen die Beziehungen zueinander. Manchmal passieren Dinge, die verwirrend, schwierig oder amüsant sind für die Akteure, die das Ganze von außen – und ein bisschen auch sich selbst – beobachten. Immer wieder werden Konflikte offenkundig. Um in der Bildsprache zu bleiben: Wenn ein Teil des Puzzles nicht passt, kann es das ganze Bild durcheinanderbringen.

Ich nutze Aufstellungen gern in meiner Arbeit. Sie geben Antworten auf wichtige Fragen, die ein gesamtes Team betreffen. Stehen Kollegen nah beieinander oder weit auseinander oder sich sogar konfrontativ gegenüber? Welche Stimmung wird durch das Gesamtbild ausgedrückt? Ist es harmonisch und ausgeglichen für den Betrachter oder muss etwas neu angeordnet und dann natürlich vorher geklärt werden, wie es am besten gestaltet werden sollte? Schnell wird erkennbar, wie sich die einzelnen Leute gegenseitig beeinflussen und wo ein Haken ist. Eine Aufstellung hat etwas von Magie, da bewusste und unbewusste Einstellungen und Entscheidungen der Teilnehmer sichtbar werden. Die Rückschlüsse können für das

Miteinander eines Teams wichtig, sogar bahnbrechend sein. Gelangen die Kollegen an die richtige Position, ist zu erleben, wie sich vieles fügt, das Puzzle nun passt und sich die Mannschaft insgesamt wohler fühlt.

Ich möchte Sie mitnehmen auf eine kleine Reise, ein kleines Experiment im Geiste. Stellen Sie sich eine Aufstellung zum Fachkräftemangel im Kontext eines deutschen Unternehmens vor, um die reale Situation zu verdeutlichen. Nehmen wir eine mittelgroße Firma, die händeringend Leute sucht. Wir befinden uns in einem rund 100 Quadratmeter großen Raum, der als Spielfläche dient und symbolisch für das Unternehmen und seine Umwelt steht. »Aufgestellt« werden Vertreter der vier Nachkriegsgenerationen – von den Babyboomern bis zur Generation Z – sowie Repräsentanten der Firma wie Führungskräfte und Personaler.

Da es sich um Kopfkino handelt, lassen wir unserer Fantasie freien Lauf: Der Babyboomer läuft wie besessen im Hamsterrad, in dem er sich seit Jahren befindet. Der arme Kerl möchte den Absprung schaffen, da die Rente naht, kriegt es aber nicht hin. Denn das Rad dreht sich so schnell, dass er ihm trotz größter Anstrengung nicht entfliehen kann. Der Boomer macht fleißig seinen Job, genau wie die Repräsentantin aus der Generation X, die direkt nach den Boomern kam. Die Figuren, die sie darstellen, stehen nah bei ihren Vorgesetzten und schauen zu ihnen, immer bereit, die neuesten Ansagen des Managements entgegenzunehmen und sorgfältig umzusetzen. Sie arbeiten beflissen und pflichtbewusst und dienen dem Großen und Ganzen. Sie sind routiniert und kennen das Unternehmen sehr gut. Trotzdem vermitteln die zwei Mitarbeiter durch ihre Haltung und Körpersprache den Eindruck, dass sie eine Last tragen und offenbar auch Freude und Motivation an ihrem Tun eher eingeschränkt sind. Ab und an lässt ein Chef anerkennende Worte fallen, kümmert sich aber nicht weiter um die zwei Beschäftigten. Denn auf sie ist Verlass, sie sind das Hamsterrad gewohnt.

Sie funktionieren ohne Lob und Wertschätzung, auch wenn sie es sich wünschen würden, sie haben keine Ansprüche und klagen nur hinter vorgehaltener Hand.

Ganz anders ein Vertreter der Generation Z. Er liegt fern des Hamsterrades am Spielfeldrand in einer Hängematte und guckt in sein Handy – er meidet strikt den Blick zu den Chefs des Unternehmens. Während die anderen rackern, überlegt er, wohin die nächste Reise gehen könnte, und lacht im Flieger – das Ticket haben die Eltern bezahlt – über die vielen Menschen im Hamsterrad und deren Überstunden. Er verachtet sie sogar ein bisschen dafür, dass sie den ganzen Mist klaglos hinnehmen. Das unternehmerische Spielfeld interessiert den jungen Mann nicht wirklich. Das eigene Wohlbefinden ist ihm wichtiger als das des Unternehmens. Eine gleichaltrige Vertreterin der Generation Z dreht sich in hübschen Pirouetten. Sie kreist um sich selbst. Bei genauer Betrachtung erkennen wir: Die junge Frau hält etwas in der Hand. Es ist eine Arbeitsunfähigkeitsbescheinigung, eine AU. Sie fühlt sich nicht gut, weil die ersten zwei Wochen nach Antritt ihres ersten richtigen Jobs nach dem Studium sehr anstrengend waren. Sie macht einen überforderten, fast schon hilflosen Eindruck.

Eine Protagonistin aus der Generation Y – das ist die vor der Generation Z – steht zwar näher an den Chefs, die ihr alle drei Tage sagen, wie klasse sie sie finden, was die Mitarbeiterin als wertschätzend empfindet. Sie arbeitet gern für das Unternehmen. Ihr Augenmerk richtet sich aber trotzdem vor allem auf den Versuch, die Balance zu halten: und zwar die Work-Life-Balance.

Der Chef der IT-Abteilung des Unternehmens kniet vor dem in der Hängematte liegenden Z-ler mit bittender Geste, die bedeutet: »Komm zu mir ins Team!« Denn Informatiker sind besonders rar.

Eine Personalerin inmitten des Spielfelds hält ein Schild in der Hand mit der Aufschrift »Hier geht's zum Purpose«. Sie blickt sich unruhig nach geeigneten Bewerbern um. Doch an diesen mangelt es.

Eine Führungskraft steht erhöht auf einem lackierten Podest mit Hochglanzschrift: »Wir führen auf Augenhöhe und wertschätzend«, lautet die Botschaft. Doch auch das hilft nicht. Stattdessen fällt beim zweiten Blick auf, dass der Lack von dem Unternehmen absplittert und die hochglänzenden Zeiten sich dem Ende zuneigen. Die Firma darbt an einer schrecklichen Erscheinung: Personalmangel.

Die Führungskräfte – allesamt Mitglieder der Generation Boomer und X – wirken hektisch und gestresst, denn sie gehen oder rennen Extrameilen, um den Betrieb trotz aller Schwierigkeiten am Laufen zu halten. Obwohl sie an ihre physischen und psychischen Grenzen geraten, machen sie weiter. Und weiter. Und weiter. Am Spielfeldrand betrachtet eine Vertreterin der Generation Z lächelnd und erhobenen Hauptes das Szenario. Sie nimmt die selbstbewusste Körperhaltung ein, die besagt: nicht mit mir! Ihr Lächeln könnte vom Spaß am Leben herrühren. Oder sie lacht alle aus, die sich abmühen, damit Deutschland und seine Hamsterräder keinen Stillstand erleben müssen.

Ich gebe zu: Bei unserer Aufstellung bin ich an die Grenzen gegangen, habe nur die Extreme berücksichtigt. Natürlich gibt es auch junge Leute, die sich in ihren Unternehmen engagieren und jederzeit bereit sind, mehr zu geben, damit das Unternehmen wettbewerbsfähig bleibt. Um die soll es in meinem Buch nicht in erster Linie gehen. Gemeint sind jene jungen Leute, für die die Repräsentanten in meinem Aufstellungsbeispiel stehen, das trotz seiner Zuspitzung sehr wohl einen erheblichen Teil der Realität abbildet, so überzogen es auch sein mag. Denn die Arbeitslast in der deutschen Wirtschaft ist ungleich verteilt zwischen den Generationen. Vereinfacht gesagt: die einen rackern, die anderen relaxen. Die einen tragen die Last, die andern kümmern sich um ihr Ego.

Das Ungleichgewicht entsteht durch die unterschiedlichen Lebenskonzepte. Für die Älteren sind Unternehmensziele ein wichtiger Bestandteil ihres Lebens, für die Jüngeren eine vernachlässigungswerte Größe. Schon Immanuel Kant, der deutsche Philosoph der Aufklärung, wusste: »Wenn die einen genießen wollen, ohne zu arbeiten, so werden die anderen arbeiten müssen, ohne zu genießen.« Immanuel Kant lebte im 18. Jahrhundert, als es noch extreme Unterschiede zwischen reichem Adel und Bürgertum auf der einen sowie bitterarmen Menschen in den Städten und Dörfern auf der anderen Seite gab. Doch am Prinzip der Aussage Kants, der sich übrigens Professor der Logik und Metaphysik nennen durfte, hat sich nichts geändert. Das Geld, das – für was auch immer – verprasst wird, muss irgendwer verdienen. Und ich frage mich, ob das junge Menschen verstanden haben, allen voran die Kinder aus Wohlstandsfamilien.

Zurück ins 21. Jahrhundert. Nun stellt sich die Frage: Was machen wir mit den Erkenntnissen unseres Szenarios aus der Aufstellung? Wie schaffen wir es, ein Gleichgewicht herzustellen und die Generationen unter einen »Arbeitshut« zu bringen, sodass ihre Einstellungen zum Job nicht länger mehr oder weniger gegensätzlich sind? Wie kann ein neues Miteinander entstehen und aussehen? Klar ist: Es werden alle Generationen gebraucht, damit am Ende ein glückliches und vor allem ausgewogenes System entsteht, von dem Deutschland profitiert. Nicht nur Mitarbeiter verschiedener Generationen haben To-do's, ebenso die Unternehmen, Führungskräfte, die Politik und last, but not least Eltern. Doch bevor ich konkrete Vorschläge mache, möchte ich erst die (noch) aktiven Protagonisten auf dem Arbeitsmarkt vorstellen.

DAS HAUS DER GENERATIONEN

Treten Sie ein ins Haus der vier Generationen, die den Arbeitsmarkt der Gegenwart dominieren. Die sehr wenigen Seniorinnen und Senioren der Generation Silent (Jahrgänge 1929–1945), die noch beruflich aktiv sind, lasse ich außen vor bei der Betrachtung, was nicht heißen soll, dass ich ihre Rolle dabei nicht zu schätzen weiß. Die Vertreter der vier Generationen nach der Silent haben sehr unterschiedliche Prägungen, Werte und Ziele. Um sie analysieren und vergleichen zu können sowie um besser zu verstehen, wie eine Generation die nächste prägt(e), fasse ich hier Hauptmerkmale und Tendenzen zusammen. Natürlich habe ich mich gefragt, ob die Generationsdefinitionen überhaupt tauglich für einen Vergleich sind. Denn innerhalb der Altersjahrgänge kann es zu großen »Streuungen« kommen, weil Menschen bekanntlich auch schon früher sehr unterschiedlich waren. Trotzdem macht es Sinn, näher hinzusehen, um das Große und Ganze zu verstehen, das den Kern dieses Buches ausmacht.

Deutschland boomt – auch die Geburten

Starten wir mit den Babyboomern, die im Jahr des Erscheinens meines Buches 60 Jahre und älter (gewesen) sind. Westdeutschland erlebte nach dem Zweiten Weltkrieg das Wirtschaftswunder, das Streben nach Wohlstand stand ganz oben auf der Agenda: Es wurde für viele Menschen zum Lebensinhalt. Unter anderen politischen und ökonomischen Bedingungen machte sich Ostdeutschland ebenfalls daran, das Land wieder aufzubauen und nach vorn zu schauen. Arbeit gehörte hier wie da zum identitätsprägenden Alltag. Die Devise der »Boomer«, wie die Generation – von jungen Leuten manchmal ironisch oder abschätzig – auch genannt wird, lautete: »Leben, um zu arbeiten.« Denn es lohnte sich wieder, fest anzupacken. Langsam konnten sich Haushalte mehr leisten, etwa Fernseher und Waschmaschinen, sogar Autos. Die Deutschen ließen die Schrecken des Krieges hinter sich und hatten wieder Spaß am Leben. Vor allem aber: Sie glaubten an eine gute Zukunft, ungeachtet dessen, dass der Kalte Krieg heraufzog. Und setzten (auch deshalb) viele Kinder in die Welt. Es kam zum »Babyboom«, der der Generation der Jahrgänge 1945 bis 1964 den Namen gab.

Der Wohlstand, wie immer man ihn in Ost und West definierte und wie bescheiden er in vielen Familien auch war, musste hart erarbeitet werden. Deshalb sind Leistung und Durchhaltevermögen unter den laut Statistischem Bundesamt etwas mehr als 12,5 Millionen Bundesbürgern jener Generation besonders verbreitet und werden von ihnen als »deutsche Tugenden« geschätzt.

Die Entwicklung kam nicht von ungefähr. Die vielen Geburten führten zu vollen Bildungseinrichtungen, was bedeutete, dass Babyboomer früh begriffen, dass es auf Fleiß und Ehrgeiz ankam, wenn man sich in Schule, Studium sowie Beruf durchsetzen wollte. Antriebskraft war die Hoffnung auf eine bessere Zukunft. Und tatsächlich: Es ging stets bergauf, »Made in Germany« wurde zum weltweit anerkannten Markenzeichen, Wohlstand entwickelte sich und sollte gesichert werden. Die Babyboomer hatten starken Anteil an der Verfestigung des »Wirtschaftswunders« und definierten ihren Selbstwert daher häufig über ihr Schaffen, nach dem Motto: »Nur wer etwas leistet, ist etwas wert.« Für sie standen Arbeit und Pflichtbewusstsein an erster Stelle. Mit dieser Haltung sind sie häufig als

»Workaholics« über ihre Grenzen gegangen und haben das Phänomen Burn-out mit entstehen lassen.

Die hohe Arbeitsmoral der Babyboomer ist meist mit einer starken Hierarchiegläubigkeit verbunden. Ihre Erfahrungen im Job beruhen so gut wie immer auf hierarchischen Unternehmensstrukturen, weshalb sie die klassische Führung mittels Weisung und Kontrolle verinnerlicht haben. »Diversität« war noch lange kein Kriterium, die Führungsetagen, insbesondere die höheren, waren rein männlich. Man spricht auch von männlichen Monokulturen. Oftmals arbeiten Menschen dieser Generation sehr lange, wenn nicht sogar ein Leben lang, für ein und dasselbe Unternehmen und haben daher eine starke Bindung zu ihrem Arbeitgeber, vielfach auch eine persönliche Beziehung zum Chef. Viele Boomer blicken auf ein langes Arbeitsleben zurück und haben eine Unmenge an Wissen und Erfahrungen angehäuft.

Auch Flexibilität, sich an neue Bedingungen anzupassen, haben die Babyboomer gelernt oder besser: lernen müssen. Ihnen blieb gar keine andere Wahl. Sie wissen aus eigenem Erleben, was bahnbrechender technischer Fortschritt bedeutet. Die Mondlandung war ein wichtiges und prägendes Erlebnis für ihre Generation. Der Fernseher als absolutes Jedermann-Novum zog in die Wohnzimmer ein und brachte einen großen Wandel im Konsumverhalten mit sich. Die zentralen Kommunikationsmittel der Generation waren das Telefon sowie das Telefax. Babyboomer wuchsen nicht mit dem Internet auf, noch nicht einmal mit Computern. Und genau deshalb mussten sie viele Sachen lernen, wenn sie in Beruf und Alltag mithalten wollten, allen voran den Umgang mit der neuen digitalen Welt.

Generation X oder auch: Die Leute »dazwischen«

Auf die Babyboomer folgte die Generation X, die im Jahr des Erscheinens meines Buches zwischen 45 und 58 Jahre alt (gewesen) sind. Sie setzten bewusst ein anderes Zeichen, um sich von der Devise der Boomer »Leben, um zu arbeiten« abzuheben. Ihr Motto lautet: »Arbeiten, um zu leben.« Der Name für die Jahrgänge 1965 bis 1979 kommt vom Roman *Generation X* des Kanadiers Douglas Coupland, der von drei Freunden handelt, die versuchen, zwischen Realität, Lebensträumen und Angst vor einem Atomkrieg ihr Leben zu gestalten. Der Bestsellerautor Florian Illies beschrieb die Atmosphäre in seinem Buch *Generation Golf* wiederum so: »Niemals wieder hatte ich in späteren Jahren solch ein sicheres Gefühl, zu einem bestimmten Zeitpunkt genau das Richtige zu tun.«

Die Generation hat – ganz besonders im englischsprachigen Raum – viele Namen, etwa »Unsichtbar« oder abwertend »Slacker« (Müßiggänger), »Schlüsselkinder«, »Depreception« (Selbstabwertung) und »In Beetween« (dazwischen). Das »Dazwischen« bezieht sich auf das Spannungsfeld von Babyboomern und Jüngeren. Die Generation X lernte bei den Babyboomern Ausdauer, Durchhaltevermögen, Leistungsorientierung, Resilienz und wie es ist, jahrelang in ein und demselben Job zu sein. Unterm Strich unterscheiden sich die Ansichten über das (Arbeits-)Leben der Generation X und der Babyboomer nur graduell. Der Erfolg der Unternehmen, die sie beschäftigen, ist für beide Generationen wichtiger als persönliche Ziele. Allerdings steht für Frauen und Männer der Generation X der Job nicht über allem. In ihnen entstand nach und nach der Wunsch nach Autonomie und Freiraum für Kreativität, Familienfreundlichkeit und Wertschätzung ihrer persönlichen Kompetenzen.

Die Generation X wuchs mit der traditionellen und streng hierarchischen Unternehmenskultur auf, die die Boomer prägte. Sie entwickelte dazu aber einen eher »skeptischen Gehorsam«[2], wie es Hermann Troger in dem Buch *7 Erfolgsfaktoren für wirksames Personalmanagement* formulierte. Doch im Laufe des Arbeitslebens der Generation X entstanden neue Führungsstile sowie Unternehmenskulturen, die für neue Ansprüche stehen. Heute subsumieren wir sie unter dem Begriff »New Work«. Die Erkenntnis dabei: Arbeit verändert sich. Die Generation X hat in ihrem Berufsleben diese beiden Welten erlebt, in ihnen gelernt und erfahren, wie die Realität in den Unternehmen aussieht.

Mit – laut offizieller Statistik – 16,53 Millionen Menschen ist die Generation X die größte Gruppe am deutschen Arbeitsmarkt. Ihre Kindheit, Jugend und ihr Berufsleben waren geprägt durch Ereignisse wie die Ölkrise, den Kalten Krieg, den Reaktorunfall von Tschernobyl, den Fall der Berliner Mauer und durch die Erkenntnis, dass es nicht immer nur bergauf geht, sondern Rückschläge möglich sind.

Die Generation X lernte als junge Erwachsene den Computer kennen, kommuniziert mittels E-Mails und kennt schon das – anfangs noch tonnenschwere – Mobiltelefon. Die Generation X musste, wie die Babyboomer, den Umgang mit den modernen Kommunikationsmitteln lernen. Beide werden »Digital Immigrants« genannt, also »digitale Einwanderer«.

Die Generation Y oder: »Why«?

Danach kam die Generation Y, deren Vertreter beim Erscheinen meines Buches zwischen 30 und 44 Jahre alt (gewesen) sind. Sie ist die erste Generation, die das Arbeitsverständnis der Eltern und Großeltern infrage stellte, die die Balance zwischen Arbeit und Freizeit (»Work-Life-Balance«) als wichtigen Aspekt eines schönen Lebens entdeckte und sich nicht länger bedingungslos einem

Unternehmen verschreiben wollte. Ihr Motto lautete daher konsequenterweise »Leben und arbeiten«.

Zur Generation Y zählen alle zwischen 1980 und 1994 Geborenen. Der Name ergibt sich aus dem Alphabet: Y folgt auf X. Im englischsprachigen Raum wird die Generation auch »Why« genannt, also »warum«. Denn ihre Vertreter hinterfragen besonders gern alles und jeden und suchen nach Sinnhaftigkeit.

Dieser Generation gehörten in Deutschland dem Statistischen Bundesamt zufolge Ende 2021 knapp 15,9 Millionen Menschen an. Auch für sie gibt es weitere Namen wie »Millennials« oder »Generation Praktikum«. Junge Menschen der fraglichen Jahrgänge haben oftmals ihr Berufsleben als unbezahlte Praktikanten begonnen. Sie mussten, konnten oder wollten auch nicht sofort einen Job in Anstellung ausüben, sondern erst einmal sich selbst finden. Diejenigen, die sich gerne fest anheuern lassen wollten, brauchten manchmal Geduld. Längst nicht jedem Praktikum, auch nicht nach einem Studium, folgte ein Jobangebot.

Die Generation Y erlebte die zunehmend globalisierte Welt gegensätzlich: Sie hatte das Glück, in Frieden und weitgehend im Wohlstand aufzuwachsen – und war dennoch betroffen von einer hohen Jugendarbeitslosigkeit, weshalb ihre Vertreter bereit waren, ein unbezahltes Praktikum nach dem anderen zu machen. Solche Erfahrungen brennen sich im Hirn ein. Auch die Terroranschläge vom 11. September hinterlassen Spuren: Sicherheit schwindet, Ängste nehmen zu.

Ende der Achtziger gab es die Revolution schlechthin: Computer wurden erschwinglich und zogen in die deutschen Haushalte ein. Und es ging rasant weiter. Die Erfindung des Internets führte dazu, dass alles jederzeit abrufbar war. Die Digitalisierung erreichte den Alltag der Menschen und brachte eine weitere Beschleunigung des Lebens mit sich, die nicht mehr wegzudenken ist (und über die wir heute gerne klagen). Die Generation Y wuchs als erste in der digitalen Welt auf. Ihre Vertreter sind demnach keine »digitalen Einwanderer« mehr, sondern »digitale Ureinwohner« (Digital Natives).

Generation Z alias Generation Like

Nun sind wir bei der Generation Z angelangt, die zum Zeitpunkt, als mein Buch erschien, zwischen 14 und 29 Jahre alt (gewesen) ist. Auch hier erschließt sich der Name aus dem Alphabet: Z kommt bekanntlich nach Y. Um die Generation Z wird mein Buch sich in erster Linie drehen. (Keine Sorge: Es geht schon weiter, es gibt nicht DIE letzte Generation. Bei der Zählung geht es nun von vorne los im Alphabet, allerdings mit dem griechischen. Ab 2010 haben wir es mit den »Alphas« zu tun.)

Die Generation Z, die die Jahrgänge 1995 bis 2010 umfasst, bricht konsequent mit der Arbeitswelt sämtlicher Generationen davor. Ihre Devise lautet: »Erst leben, dann arbeiten.« Erkennen Sie bei den Mottos der unterschiedlichen Generationen eine Tendenz? Die Aussagen verschieben sich mehr und mehr in Richtung: Der Job ist nicht alles! Die Z setzt nicht länger auf eine Balance aus Arbeit und Freizeit, sondern auf eine strikte Trennung beider Bereiche, wofür der Begriff »Work-Life-Separation« (Seperation = Trennung) steht. Der permanenten Erreichbarkeit durch moderne Technik setzen die jungen Leute ein klares »ohne mich« entgegen.

Verglichen mit den Boomern, ändert sich das Verständnis von Arbeit der Generation Z drastisch bis dramatisch. Z-ler stellen höhere Ansprüche an die Arbeitgeber und sind im Gegensatz zu den loyal mit ihren Unternehmen verbundenen Babyboomern wechselbereiter, heißt: Sie springen von Job zu Job. Tempo ist überhaupt ganz ihr Ding – wenn es nicht um Arbeit geht. Die Schnelligkeit des Internets prägt ihr Leben, ganz besonders sichtbar in der

Kommunikation via Textnachrichten und auf Social-Media-Plattformen. Z-ler sind nicht nur Digital Natives, sondern auch Ureinwohner in der Welt der sozialen Medien. Sie lieben es zu »liken« und sich ständig über alles Mögliche auf Social Media auszutauschen. Sie sind häufig im Wohlstand aufgewachsen, müssen aber nun – rund um den Einstieg ins Berufsleben – Dauerkrisen verarbeiten. Die Coronapandemie war für sie eine düstere Zeit ohne Partys und Spaß. Die Statistiker zählen fast 11,6 Millionen Menschen, die zur Generation Z gehören. Das bedeutet: Sie sind am Arbeitsmarkt Mangelware.

Ein Vergleich

Interessant im Vergleich der Generationen sind die verschiedenen Ebenen der Engagements in der Arbeitswelt, die in diversen Studien untersucht wurden.[3] Der Grad, nach dem sich ein Mensch der Generation Z mit seinem Arbeitsplatz verbunden, sich motiviert und engagiert fühlt – in der Fachsprache »organisatorisches Engagement« genannt –, ist nicht sehr hoch und war (oder ist) bei den Generationen davor weitaus stärker. Ähnlich ist es beim »affektiven Engagement«, das die Art und Weise meint, wie sehr sich Menschen mit einem Unternehmen identifizieren und sich für selbiges einsetzen, weil sie glauben, dass es ähnliche Werte wie sie selbst vertritt. Und auch das »normative Engagement« wird – linear betrachtet – weniger von Generation zu Generation. Damit ist das Verantwortungsgefühl gemeint, das Mitarbeiter für ihren Job oder ihr Unternehmen empfinden und das sie von einer Kündigung abhält. Man kann von einer emotional bedingten, moralischen Verpflichtung dem Arbeitgeber gegenüber sprechen.

Wenn wir uns diese Erkenntnisse vor Augen führen, wird schnell klar, wie sehr sich die Haltung jüngerer Menschen zum Thema

Arbeit von jener der älteren Generation unterscheidet. Doch viele weitere Faktoren spielen eine Rolle, um die Problematik, um die es hier geht, zu erfassen. Veränderungen im Verhalten eines Einzelnen oder einer ganzen Generation sind das eine. Auch die konkrete Situation in der Wirtschaftswelt und die Stimmung in einem Land sind von Bedeutung. Gerade in Deutschland macht sich das – stark von den Medien getriggerte – Gefühl breit: Die fetten Jahre sind vorbei. Und viele Entwicklungen wie die Besteuerung der Unternehmen und die Auflagen zum Klimaschutz beeinflussen den Wirtschaftsstandort Deutschland. Die aktuelle Lage verheißt nichts Gutes für die Zukunft.

VERKOMMT DEUTSCHLAND ZUM ENTWICKLUNGSLAND?

Viele Unternehmer und Manager empfinden den Standort Deutschland nicht mehr als attraktiv und sehen eine negative Entwicklung. Wenn man den Medien Glauben schenken darf, so steht die Bundesrepublik vor einem wirtschaftlichen Absturz, sogar einer Deindustrialisierung, was heißt, dass Betriebe ihre Produktion ins Ausland verlagern. Tatsächlich ergeben Umfragen, dass viele Firmen an einen Wegzug ins Ausland denken. Pessimisten kommen zu der Einschätzung, dass Deutschland auf das Niveau eines Entwicklungslandes absacken könnte.[4] Einige ökonomische Kennzahlen sind in der Tat alarmierend. Jeder sechste Betrieb dachte schon darüber nach, Deutschland zu verlassen, gut ein Viertel der Unternehmen kündigte an, die Produktion ins Ausland zu verlagern. Geklagt wird über hohe Energiepreise und schlechte Infrastruktur. Die Inflationsraten und das in vielen Märkten stark gestiegene Zinsniveau sowie eine gedämpfte Nachfrage belasten das Auslandsgeschäft. Die Kaufkraft sinkt, der Konsum schwächelt. Die Angst vor der Zukunft nimmt viel zu vielen Leuten den Spaß am Kaufen, sie halten ihr Geld zusammen.

Demgegenüber bestehen hohe Arbeitskosten, die mit dem Fachkräftemangel zusammenhängen. In den vergangenen 13 Jahren ist Deutschland im Standortranking des Leibniz-Zentrums für Europäische Wirtschaftsforschung (ZEW) um sechs Plätze abgerutscht und kommt unter den 21 Industriestaaten auf den 18. Platz. Insbesondere bei den Themen Steuern, Regulierung und Infrastruktur hat der Standort Deutschland an Boden verloren. Die meisten anderen Industriestaaten besteuern Gewinne geringer und schlagen auch bei der wichtigen Erbschaftsteuer weniger zu. Gerade die Belastung verebter Vermögen durch den Fiskus kann Familienunternehmen, die in Deutschland den Großteil des Mittelstandes ausmachen, in Existenznot bringen. Zu viele gesetzliche Vorgaben blähen die Regulierungsanforderungen weiter auf, was Wettbewerbsfähigkeit kostet.

Jeder Unternehmer weiß: Ein erfolgreiches Geschäftsmodell muss dann verändert werden, wenn es nicht mehr Erfolg versprechend ist oder gar in der Existenz bedroht wird. Jetzt geht es darum, das deutsche, stark vom Export abhängige Modell zu transformieren. Das gelingt nicht mit lähmender Bürokratie und einem maroden Bildungssystem. Wir hinken auch bei der Digitalisierung hinterher. Laut dem World Competitiveness Center des IMD ist Deutschland aus dem Top-20-Ranking der digitalen Wettbewerbsfähigkeit rausgefallen – und der Trend geht weiter abwärts. Längst haben uns Saudi-Arabien, Singapur, die Schweiz und Schweden überholt. Hemmt uns etwa die »German Angst«? Innovationen brauchen das richtige Mindset, Mut und Umsetzungskraft.

Wenn Deutschland Industrie- und Handelsstandort bleiben will, geht das nicht ohne Wachstum, Wettbewerbsfähigkeit und Innovationskraft. »Made in Germany« verkommt ansonsten zur Nische, wenn wir jetzt nicht über den Tellerrand schauen und handeln. Doch was muss konkret geschehen? Und vor allem: Wer soll es richten? Denn am Arbeitsmarkt sieht es schwarz aus. In Deutschland hat sich der Fachkräftemangel breitgemacht. Er schwebt über dem Wirtschaftsstandort wie eine große schwarze Wolke, die nichts Gutes verheißt. Der Standort strahlt nicht mehr so wie früher. Natürlich hat das mit der Weltlage, den schrecklichen Kriegen in der Ukraine und Israel und auch damit zu tun, dass Politiker konsequent auf Nationalismus und Protektionismus setzen. Aber die Misere ist durchaus hausgemacht. Seit der Reformagenda 2010 des damaligen Kanzlers Gerhard Schröder ist nichts mehr passiert.

Eklatanter Arbeitskräftemangel

Was ist überhaupt gemeint mit Fachkräfte- oder Arbeitskräftemangel? Die Umstände hinter diesen Begriffen werden seit Jahren abstrakt diskutiert. Nun sind sie konkret geworden. Man kann es auch ganz banal sagen: Es fehlt an Leuten, die die Arbeit verrichten. Die Lücke zwischen Bedarf und Angebot wächst von Jahr zu Jahr. Die Zahl der qualifizierten Bewerber pro Job fällt geringer aus als die Nachfrage und die Anforderungen der Arbeitgeber – Tendenz weiter negativ.

Nach Berechnungen des ifo Instituts musste 2022 jedes zweite Unternehmen in Deutschland Geschäfte als Folge des Mangels an Fachkräften einschränken.[5] Der Boston Consulting Group zufolge, eine Unternehmensberatungsfirma, kostete der Fachkräftemangel 2022 Deutschland die stolze Summe von 86 Milliarden Euro Wirtschaftsleistung.[6] Die Deutsche Industrie- und Handelskammer hat eine noch traurigere Zahl ermittelt. Sie geht von einem Verlust an Wertschöpfung von 100 Milliarden Euro aus,[7] weil 2023 knapp zwei Millionen Stellen nicht besetzt werden konnten.

In Deutschland sind zahlreiche Branchen vom Fachkräftemangel betroffen. Vor allem soziale und handwerkliche Berufe hat es erwischt, doch mittlerweile auch beängstigend viele andere Zweige. Gründe für das Fehlen von Arbeitskräften liegen häufig im Verhältnis von Bezahlung und Arbeitsbelastung. Die geringe Entlohnung in Pflege- oder Erzieherberufen wirkt unattraktiv bei der Berufswahl. Ausgelernte Kräfte ergreifen nach einigen Jahren die Flucht und wechseln in völlig andere Jobs. Für die, die bleiben, heißt es, dass die Arbeitsbelastung weiter steigt, zumal immer mehr ältere Menschen pflegebedürftig werden.

Auch in anderen Branchen wächst die Belastung, weil Stellen nicht besetzt werden können. 59 Prozent der Deutschen geben an, dass in ihren Unternehmen Arbeitskräfte fehlen, wie eine Umfrage des Haftpflichtverbandes der Deutschen Industrie (HDI) zeigte. Die Coronapandemie war der Auslöser dafür, dass viele Beschäftigte in Restaurants kündigten. Etwa jede vierte Arbeitskraft im Tourismus-, Hotel- oder Gaststättengewerbe zählte im Pandemiejahr 2020 zu den Jobwechslern, vornehmlich gingen sie in den Verkauf oder in die Logistik. Daneben gab es im ersten Quartal 2023 rund 1,75 Millionen offene Stellen in Deutschland.[8]

Kennen wir nicht alle die immer länger werdenden Wartezeiten auf einen Handwerker? Dabei sind nicht nur private Haushalte betroffen, sondern auch die öffentliche Infrastruktur, die in Deutschland im Argen liegt. Es ist bekannt, dass überall Autobahnen und bröckelnde Brücken erneuert und Schulen dringend saniert werden müssen. Die Zeitspannen zwischen Auftrag und Projektende werden immer länger – die Fässer Flughafen Berlin oder Stuttgart 21 will ich nicht mehr aufmachen. Verzögerungen bei Produktion und Dienstleistungen sowie die stets steigenden Kosten, um neues Personal zu gewinnen und zu halten, führen zum Verlust an Wettbewerbsfähigkeit. Steigende Energiekosten und eingeschränkte Lieferketten wirken sich ebenfalls negativ aus. Deutsche Produkte kosten insgesamt mehr – nicht gut.

Verzweifelte Unternehmen

Und es wird noch dramatischer. Denn es fehlt schlicht und einfach an Nachwuchs. Potenzielle junge Arbeitskräfte, gerade die der Generation Z, sind rar gesät. Noch bevor wir das Wort »Fachkräfte«

ausgesprochen haben, wühlt die Azubi-Krise die Gemüter der Ausbildungsunternehmen auf. Viele Ausbildungsplätze bleiben unbesetzt und jeder vierte Vertrag wird gelöst, ehe die Lehre beendet ist.

Wir haben vorerst keine Chance, die dunkle Wolke zu vertreiben. Im Gegenteil – sie wird noch schwärzer: Neben aktuell 2 Millionen offenen Stellen droht laut Institut für Arbeitsmarkt- und Berufsforschung bis 2035 wegen des demografischen Wandels der Verlust von weiteren 7 Millionen Arbeitskräften[9] und somit ein Siebtel des Arbeitsmarktes, wenn nicht gegengesteuert wird. Das hat damit zu tun, dass die Boomer in Rente gehen und die Generation, die auf dem Arbeitsmarkt erwartet wird, anders will, als es nötig wäre. Sie will die Job-Revolution – und zwar mit den Resultaten, die ich jede Woche hautnah erlebe, wenn meine Kunden verzweifelt Leute suchen und mittlerweile vor der Generation Z buckeln.

Der »War for Talents« – der »Krieg um Talente«, wie es martialisch in der englischsprachigen Welt heißt, wo das Problem auch grassiert – ist voll im Gange. Sieger der Schlacht sind die, die gar nicht kämpfen: die Jungen. Denn Unternehmen umwerben vorzugsweise Jüngere, obwohl sie längst wissen, was ihnen, den Firmen, blüht. Die Bewerber sind zwar fit und dynamisch, aber meist auch sehr anspruchsvoll und nervig. Die Generation Z hat – siehe oben – ganz andere Vorstellungen von Arbeit und Freizeit. Sie kann es sich leisten, Ansprüche zu stellen, weil sie als Mangelware heiß begehrt ist.

Das wirft Fragen auf, denen ich im Folgenden nachgehe: Wer ist diese Generation Z und was will sie genau? Was sind die Konsequenzen für den Wirtschaftsstandort Deutschland? Bringt das Buckeln vor dieser Generation nicht noch weitere Schwierigkeiten mit sich oder gar ein gesamtwirtschaftliches Riesenproblem?

TEIL 2

EINE GENERATION AUF DEM EGOTRIP?

MACHT DIE EINTEILUNG IN GENERATIONEN ÜBERHAUPT SINN?

Wenn man sich mit Generationen befasst, stellt sich die Frage, ob eine Einteilung von Menschen nach Geburtsjahrgängen generell sinnvoll ist. Kann man sie überhaupt abgrenzen und wenn ja, wie scharf? Ändern sich nicht Vorlieben und Verhaltensweisen, wenn man älter wird?

Die Einteilung ist ein soziokulturelles Konzept, das der Soziologe und Philosoph Karl Mannheim entwickelt und in seinem 1928 erschienenen Werk *Das Problem der Generationen* beschrieben hat. Seine Systematik basiert auf gemeinsamen historischen, sozialen, politischen und technologischen Erfahrungen, was nachvollziehbar ist. Wir selbst haben es jüngst alle erlebt, was die Coronapandemie mit einer Gesellschaft macht, und ein Gefühl dafür entwickelt, wie prägend so etwas sein kann.

Mannheim, 1893 in Budapest geboren und 1947 in London gestorben, war Pionier bei der Erforschung von Generationsphänomenen. Seine Ideen haben bedeutenden Einfluss auf die Wissenschaft gehabt und dazu beigetragen, das Verständnis sozialer Gruppen und ihrer Entwicklung zu verbessern. Er untersuchte den sozialen Wandel und versuchte erfolgreich, Erklärungen zu finden, warum und wie sich Gesellschaften verändern.[10] Mannheim ging davon aus, dass Menschen als Gruppe jeweils besondere individuelle Erfahrungen machen und Erlebnisse teilen, die eine echte Verbindung schaffen. Von einer Generation kann demnach gesprochen werden, wenn einheitliches, gemeinsames Handeln und »Mitschwingen« verschiedener Gruppen erkennbar sind.

Empirische Nachweise für Gemeinsamkeiten einer Generation sind schwierig. Auch Wissenschaftler streiten über Studienergebnisse, soweit ich das mitbekommen habe. Wie mir ein Soziologe, mit dem ich seit vielen Jahren im Gedankenaustausch stehe, erklärte, unterliegen Untersuchungen zu Generationen Grenzen der Methodik, weshalb der Nachweis spezifischer Verhaltensweisen und Gründe dafür ein nicht ganz leichtes Unterfangen ist. Oft sind Übereinstimmungen eine Form der Selbstbeschreibung und -vergewisserung. Generationenmodelle können dafür sorgen, »historisches Chaos« zu ordnen. Zugleich konstruieren sie ein schwer zu rechtfertigendes oder individuell kaum nachweisbares Nebeneinander und Nacheinander. Oft wird dieses sogar kausal interpretiert, als ob alles auf einen willkürlich festgelegten Ursprung zurückzuführen wäre. Die Frage, ob die Einteilung in Generationen eine sinnvolle analytische Kategorie zur Geschichtsschreibung ist, darf man ohne jedes Zögern anzweifeln. Zudem vereinfacht das Konzept sehr stark, weshalb Vorsicht geboten ist, um keine Stereotypen zu schaffen oder zu verfestigen.

Schon deshalb bemühe ich mich, nicht nur Gemeinplätze zu verbreiten. Mir geht es um den wahren Kern, der in den allermeisten Klischees steckt. Oder essen Italiener etwa keine Nudeln, Franzosen keine Baguettes und Chinesen keinen Reis? Ich finde, dass vereinfachte Modelle oder Konzepte, die versuchen, Wirklichkeit in verständlicher Form abzubilden, ihre Berechtigung haben. Viele Menschen haben nun mal ein Bedürfnis nach Reduktion von Komplexität, dem ich gerne nachkommen will. Zudem wird niemand bestreiten, dass das generationelle Denken in einem sehr positiven Sinne die Kraft hat, Ordnung in unsere moderne Welt zu bringen. Eine bestimmte Verortung in der Gesellschaft führt dazu, dass jeder

Einzelne nicht in der Masse verloren geht, was in Zeiten der Globalisierung wichtig ist. Die Einteilung in Generationen bedient kollektive Identifikationsbedürfnisse, die im Unterschied zu anderen kollektiven Größen und Einordnungsversuchen nicht als vollkommen anonym empfunden werden. Simpel ausgedrückt: Wir Menschen können in einem individuellen Umfeld entscheiden, wer dazugehört – und wer nicht.

Mir ist klar, dass Abgrenzungen unscharf sein können und manchmal auch nur im Kopf passieren. Aber ich habe mich ja schon als Anhängerin der Vereinfachung geoutet, weil es mir um die Debatte geht und nicht um einen Beitrag zur Forschung. Deshalb nutze ich die Generationsbegriffe. Ich denke (und hoffe), jeder wird meinen Ausführungen folgen können, ohne meine Aussagen ständig infrage zu stellen oder zu grübeln, wie wissenschaftlich sie sind. Wie schon gestanden: Sie sind es nicht.

Eine absolute Homogenität gibt es sowieso nicht – zum Glück. Sonst wäre die Welt langweilig. Selbst innerhalb der Generation Z existieren Unterschiede, weshalb pauschale Aussagen wenig Sinn machen oder Unsinn sind. Man bedenke: Die Jüngeren befinden sich noch in der Schule oder Ausbildung, die Älteren im Studium oder Berufsleben. Bei der Schnelllebigkeit unserer Zeit machen wenige Jahre viel aus. Einer meiner Kunden, der wusste, dass ich ein Buch schreibe, empfahl mir, nach der frühen und späten Generation Z zu unterscheiden. Dem will ich in gewisser Weise Rechnung tragen, indem ich Beispiele von Auszubildenden, jungen Akademikern und Berufseinsteigern bringe.

Natürlich muss man sich fragen, ob sich »die Alten« nicht schon immer über »die Jungen« gewundert und echauffiert haben, und ob das Lästern »der Alten« über »die Jungen« einfach ein Ding jeder Gegenwart ist und seit jeher Anstoß zu Kritik, Diskussionen sowie Streit gab. Manch ein Leser wird Sprüche aus dem Mund von Älteren kennen, die ungefähr so lauten: »Das gab es zu unserer Zeit nicht.« Oder: »Sich so zu verhalten, hätten wir uns früher nicht getraut.« Der Schriftsteller Oscar Wilde sagte es mit schelmischem Unterton. »Die heutige Jugend ist grässlich. Sie hat nicht den geringsten Respekt vor gefärbten Haaren.« Der Schweizer Soziologe Gerhard Kocher hielt – auch nicht frei von Ironie – ebenfalls den Finger in die Wunde: »Die heutige Jugend ist völlig verdorben. Das löst bei uns Älteren begreiflicherweise einen kolossalen Neid aus – was haben wir nicht alles verpasst!«

Doch der Wettbewerb der Unternehmen um Nachwuchskräfte hat nichts mit einem Kampf Alt gegen Jung zu tun. Da geht es um weitaus mehr.

Generation Z – wer sind die überhaupt?

In Deutschland umfasst die Generation Z nur knapp 14 Prozent der offiziellen Einwohnerschaft. Zum Vergleich: In Nigeria und Pakistan sind es mehr als 40 Prozent, auch in Brasilien und in der Türkei hat die Generation Z mit fast einem Drittel einen größeren Anteil an der Bevölkerung als in westlichen Ländern. Schon diese Fakten zeigen, warum junge Leute auf dem deutschen Arbeitsmarkt Seltenheitswert haben und der Fachkräftemangel eng damit verbunden ist, zumal, wie ich noch genauer erläutern werde, ein beachtlicher Teil von ihnen nicht arbeiten will oder kann.

Wie alle Generationen davor hat auch die Z berechtigten Anspruch auf Selbstverwirklichung und gerne auch auf eine neue Definition von beruflichem Schaffen und Arbeitskultur. Jedoch ist eine Orientierung an der Realität notwendig: Der Fachkräftemangel hat schon jetzt ein epochales Ausmaß angenommen. Die Generation Z aber *drängt* nicht auf den Jobmarkt – sie läuft gemütlich auf ihn zu.

»Ich beobachte in meinem Umfeld, dass viele Angehörige der Generation Z eine Arbeitsauffassung haben, die aus meiner Sicht problematisch ist. Es ist äußerst bedenklich, wenn jemand nur Ansprüche stellt, aber nicht bereit ist, entsprechend zu leisten. Eine solche Einstellung ist nicht nur fehlgeleitet, sondern auch absolut schädlich für Unternehmen.«

Dieses Statement erreichte mich via Mail. Wenn Sie nun denken: Wieder ein Jugend-Basher aus der Generation Boomer oder X, so täuschen Sie sich. Das Zitat ist aus einer Mail zu meinem *Handelsblatt*-Kommentar, die mir eine junge Frau schrieb, die selbst der Generation Z angehört. Das harsche Urteil hat Seltenheitswert, da die allermeisten Zuschriften jüngerer Menschen mir mehr oder weniger heftig widersprachen. Aber gerade Mails aus der Generation Z, in denen ich nicht oder nicht nur kritisiert wurde, machen mir Hoffnung, weil sie zeigen, dass auch dort ein Nachdenken darüber begonnen hat, ob nicht doch etwas Grundsätzliches schiefläuft. In jedem Fall haben mich Kritik und Zuspruch in meiner Ansicht bestärkt, dass es Zeit für einen Dialog zwischen Jung und Alt ist. Denn mir scheint, dass da ein Riss entstanden ist, den es zu kitten gilt. Deutschlands Zukunft hängt nun mal von der Generation Z maßgeblich ab. Sie wird am Arbeitsmarkt nach und nach präsenter. Umso wichtiger ist es, sie zu verstehen. Wer sind die jungen Leute, was wollen sie und wie verhalten sie sich in der und zur Arbeitswelt?

Die Generation Z hat viele weitere Namen: Generation Selfie, Zoomers, iGen oder Generation Like, Generation Greta, Generation online, Generation Lockdown und Generation Snowflake. Der letztgenannte Begriff kommt daher, dass extrem viele Jugendliche und junge Erwachsene so zart wie eine Schneeflocke sind, zerbrechlich und überemotional. Wenn Schneeflocken den Boden berühren, gehen sie entweder in der Masse des Schnees auf oder sie schmelzen bei zu warmer Bodentemperatur. Heißt: Jede einzelne ist nur eine von Millionen, sie ist nichts Besonderes und fühlt sich davon bedroht, nicht aus dem Kollektiv herauszuragen, am Ende gar unsichtbar zu sein. Wer will das schon?

Die Generation Z tritt für Werte ein wie Selbstverwirklichung, Gerechtigkeit, Diversität und Multikulturalität. Sie ist ungeduldig und fordernd, aber auch gesundheits- und umweltbewusst. Die Welt verändert sich – gefühlt und tatsächlich – immer schneller und somit auch die Lebenswelten, in denen junge Menschen sich zurechtfinden müssen; und das wiederum prägt die gesamte Gesellschaft.

Heute können wir uns kein Leben ohne Internet mehr vorstellen, das Smartphone ist unser verlängerter Arm. Das Ding, ehemals »Handy« und davor »Funktelefon« genannt, hat sich zu einer digitalen Lebensader gewandelt, die für viele Lebensbereiche unabdingbar geworden ist. Mit der damit verbundenen Schnelllebigkeit – oft auch Beliebigkeit – ist eine ganze Generation aufgewachsen, was Spuren hinterlassen hat. Die Z ist immer auf dem Sprung – zum Leidwesen von Unternehmen auch auf dem Absprung. Die jungen Leute sind in Bezug auf den Job wechselwillig, denn sie mögen Abwechslung. Widersprüchlichkeit im eigenen Handeln nehmen sie locker in Kauf. Eine 2021 veröffentlichte Studie des deutsch-österreichischen Zukunftsinstituts und der Meinungsforscher von YouGov[11] im Auftrag von Peek & Cloppenburg legte offen, wie widerstreitend die Ansinnen von Angehörigen der Gen Z sein können. Ein großer Teil der 16- bis 25-Jährigen erachtet drei Aspekte als besonders wichtig in der Arbeitswelt: finanzielle Sicherheit, Sinnhaftigkeit und Selbstverwirklichung. 75 Prozent von ihnen halten es für wichtig und erstrebenswert, sich keine Sorgen darüber machen zu müssen, demnächst ohne Geld dazustehen. 74 Prozent streben einen sinnvollen, erfüllenden Beruf an. 74 Prozent möchten unabhängig sein, um ihr Leben selbst bestimmen zu können. Zwei Drittel der Teilnehmer halten es für wahrscheinlich, irgendwann ein Haus oder eine Wohnung zu kaufen – auch dahinter steckt der Gedanke, später abgesichert zu sein.

So nachvollziehbar die Umfrageergebnisse sind – für mich zeugen sie auch von einem hohen Maß an Träumerei. Die Einstellungen wirken wie der Versuch, die Quadratur des Kreises zu schaffen. Denn Unabhängigkeit und ein selbstbestimmtes Leben bedeuten immer auch: Risiko. Und das passt nun mal nicht zu einem sicheren Job, nicht in der Privatwirtschaft und nicht im öffentlichen Dienst. Auch dort gibt es Chefs, die Ansagen machen und jeglicher Unabhängigkeit Grenzen setzen. Lust auf Selbstständigkeit und die Übernahme von Führungsverantwortung sind nicht gerade Markenzeichen der Generation Z. Umso stärker ausgeprägt sind hochfliegende Erwartungen an Unternehmen, worauf ich in diesem Buch immer wieder eingehen werde. Denn eine bewusste oder unbewusste Anspruchshaltung unter jungen Leuten ist meiner Meinung nach ein entscheidender Bestandteil des Problems. Unerfüllbare Wünsche prallen permanent auf reale Gegebenheiten am Arbeitsplatz.

Eine ältere Leserin schrieb mir: »In meiner Jugend wollten Kinder Polizisten, Feuerwehrmänner, Astronauten oder Piloten werden. Die Kinder heutzutage haben ganz andere Lebensplanungen: Sie wollen Influencer, Gangsterrapper oder Politiker werden.« Sie ergänzte: »Kein Mensch will sich mehr die Hände schmutzig machen, geschweige denn irgendetwas produzieren und im Schweiße seines Angesichtes etwas für dieses Land tun.«

An den Berufswünschen habe ich nichts auszusetzen, gute Politiker braucht das Land. Doch wie konnte in den Generationen der Älteren und Alten der Eindruck entstehen, dass niemand mehr sich anstrengen will?

Ein Teamleiter eines Unternehmens, Angehöriger der Generation Y, zeigte sich »sehr besorgt darüber, was für eine Peter-Pan-Generation da auf den Arbeitsmarkt zurollt«. Zur Erinnerung: Peter Pan ist das einzige Kind auf der Insel Nimmerland, das niemals erwachsen wird. Der Befund des Teamleiters ist noch freundlich im Vergleich zum Urteil eines Vorstandschefs, der mir sagte: »Z steht für Zumutung! Was die wollen und wie die ticken, ruiniert unser Land.«

Ungeachtet der Polemik, die ich mir hier und da ja auch gestatte, muss gefragt werden: Ist es wirklich so? Kann man eine ganze Generation über einen Kamm scheren? Nein, kann man nicht! Selbstverständlich nicht. Es gibt – und dafür braucht es keine wissenschaftlichen Nachweise – viele junge Leute, die fleißig sind, sich anstrengen und etwas erreichen wollen. Ich kenne junge Frauen und Männer, die in ihren Unternehmen mitziehen, sich engagieren und positiv einbringen, Extrameilen gehen und ihr Ego zurückstellen. Doch auch das sei nochmals betont: Um die geht es nicht in diesem Buch. Mich interessiert vielmehr, wie sich eine ganze Generation innerhalb weniger Jahre einen solch miesen Ruf in der gesamten deutschen Wirtschaft zulegen konnte. Meine eigenen Erfahrungen und all die Berichte, die mir zu Ohren kamen, sind keine Halluzinationen oder Erfindungen, um junge Menschen zu ärgern. Es muss schon was dran sein – sonst wäre mein *Handelsblatt*-Kommentar als lächerlich abgetan worden, wären die Aufregung und die Sorgen in den Unternehmen nicht so groß. Es sind ganz klar Tendenzen im Verhalten der Generation Z erkennbar, die gravierende Auswirkungen auf unsere Volkswirtschaft und unser aller Arbeitsleben haben. Und genau diese will ich beleuchten sowie zur Diskussion stellen.

Über Homogenität und Widersprüchlichkeit

Natürlich ist weder diese noch irgendeine andere Generation in sich homogen oder konform in ihrem Verhalten. Beim Studieren von Medienberichten und Literatur zur Generation Z fiel mir auf, dass ihr immer wieder eine Einstellung oder Eigenschaft zugeschrieben wird, um ihr dann – teils genüsslich – gegenteiliges Verhalten vorzuwerfen.

Ein Beispiel: Der Flughafenverband ADV ließ an Flughäfen in Deutschland knapp 100.000 Reisende befragen. Über das Ergebnis berichtete die Zeitung *Die Welt*[12] unter der Überschrift »Von wegen Flugscham – Gen Z und Millennials fliegen öfter als Boomer«. Hier wird ein Image zum Fakt erklärt, indem für die »Generation Greta« pauschal »Flugscham« angenommen wird. Sehr viele junge Menschen votierten bei der Bundestagswahl 2021 für die Liberalen. Ich kenne dazu keine Studie, kann mir aber vorstellen, dass »Flugscham« unter FDP-Anhängern jeden Alters nicht besonders ausgeprägt ist – die vermute ich eher bei Wählern der Grünen.

Aber natürlich haben wir – vor allem als Folge medialer Berichterstattung – sofort die Klimaaktivisten von Fridays for Future und der Letzten Generation vor Augen und denken: Die fliegen doch nicht. Die im Sommer 2023 veröffentlichte ADV-Umfrage ergab: 2008 waren 21 Prozent der Passagiere unter 30 Jahre alt, mittlerweile liegt der Anteil bei 29 Prozent. »In absoluten Zahlen bedeutet dies, dass in einem Jahr rund 18 Millionen Millennials und Vertreter der sogenannten Generation Z in Deutschland ins Flugzeug gestiegen sind, Umsteiger nicht mitgerechnet«, errechnete *Die Welt*.

Die Generation Z reist gerne und besteht darauf, von überall zu arbeiten. Für den weltweiten Arbeitsmarkt ist sie trotzdem schlecht gerüstet. Kronos, eine auf langfristige Unternehmensentwicklung spezialisierte Beratungsfirma, beauftragte das US-amerikanische Workforce Institute[13] mit einer weltweiten Umfrage unter 3400 Z-Vertretern. Ergebnis: Die digitalen Virtuosen sind zwar begeistert von unabhängigem Arbeiten, aber etwa ein Viertel »fühlt sich wenig oder gar nicht darauf vorbereitet, Netzwerke aufzubauen, zu verhandeln oder lange zu arbeiten«. Lauter Kompetenzen, die in der neuen Arbeitswelt wichtig sind. Weshalb man genau hier besonderen Ehrgeiz annehmen könnte. Fehlanzeige. Etwas mehr als ein Drittel der deutschen Teilnehmer sah sich kaum oder nicht in der Lage, eine Karriere langfristig mithilfe des Internets aufzubauen.

Die Vertreter der Generation Z verbringen unglaublich viel Zeit mit sozialen Medien. »Allerdings bedeutet dies nicht, dass sie sich keine Gedanken über ihren Social-Media-Konsum machen. Mehr als 50 Prozent von ihnen sind um die allgemeinen Auswirkungen sozialer Medien auf die Gesellschaft besorgt, zwei Fünftel um die Auswirkungen sozialer Medien auf ihre Gesundheit.« So heißt es in der Studie »Eine Generation ohne Grenzen«, die das Beratungsunternehmen OC&C Strategy Consultants[14] in Brasilien, China, Deutschland, Großbritannien, Frankreich, Italien, Polen, der Türkei und den USA in Auftrag gegeben und im März 2019 publiziert hatte. Man weiß also um die möglichen Schäden des ständigen Smartphone-Konsums, sorgt sich auch und kommt trotzdem nicht davon los.

Ein weiteres Ergebnis lautete: »Die deutsche Gen Z (ist), wie auch ihre internationalen Äquivalente, bei fast allen ihrer wichtigsten sozialen Themen – Bekämpfung von Ungleichheit, Unterstützung von Menschenrechten und Förderung der Vielfalt – deutlich engagierter als die zwei Generationen vor ihr. Allerdings deuten unsere Daten nicht darauf hin, dass ältere Generationen weniger soziale Verantwortung fühlen als Generation Z, sie haben lediglich andere Schwerpunkte, vor allem im Bereich Umweltbewusstsein.«

Die Experten, die nur wenige Monate später die 18. Shell-Studie[15] für Deutschland vorlegten, ermittelten eine Trendwende: 2010 benannten Jugendliche als Hauptprobleme noch die wirtschaftliche Lage, steigende Armut sowie Angst vor Arbeitslosigkeit oder davor, keinen Ausbildungsplatz zu finden. Ein gutes Jahrzehnt später waren 59 Prozent der Befragten überzeugt davon, dass es in Deutschland alles in allem sozial gerecht zugehe. Am meisten fürchteten sich die jungen Leute – neben Terroranschlägen – vor der Umweltverschmutzung und dem Klimawandel. Die Shell-Studie zeigte zudem, dass »vor dem Hintergrund zahlreicher krisenhafter Entwicklungen und weltweiter Umbrüche« eine aufbegehrende und selbstbewusste Generation heranwächst, »die sich zu Wort meldet, die ihre Interessen und Ansprüche artikuliert – nicht nur untereinander, sondern auch gegenüber Politik, Gesellschaft und (künftigen) Arbeitgebern«. Fridays for Future und andere Bewegungen waren also kein Zufall.

Die internationale Erhebung von OC&C Strategy Consultants kommt also zu einem, wie ich finde, beachtlichen Ergebnis: Sie zeigt grenzüberschreitende Ähnlichkeiten in Verhaltensweisen und Einstellungen der Z im Vergleich zu ihren Vorgängergenerationen. Das Internet hat also einen homogenisierenden Effekt, der allerdings begrenzt ist und von den Lebensumständen abhängt, auch den politischen. Es wird sicher niemanden wundern, dass deutsche Vertreter der Generation Z in der Erhebung vor allem dem Klimaschutz Bedeutung zumessen, während Gleichaltrige in China eher die Einhaltung der Menschenrechte hervorheben. Der Trend zu einer gewissen Vereinheitlichung zeigt sich darin, dass junge Menschen ihre Arbeitsbedingungen nicht mit Freunden oder Kollegen im Job oder am gleichen Ort vergleichen, sondern mit dem Rest der modernen Welt. Erstaunlich ist ebenso, dass die Generation Z im Gegensatz zu ihren Eltern und Großeltern keine relevante Subkultur[16] hervorgebracht hat wie die Hippie-, Punk- oder New-Wave-Bewegung. Das spricht für einen starken Hang zur Anpassung. Mehr noch: Subkulturen scheinen sich sogar im Auflösungsprozess zu befinden, da jüngere Menschen eine ausgeprägte Sehnsucht nach einem Leben haben, welches um Familie, Kinder und einen soliden, aber unspektakulären Job kreist.

Ein Versuch der Differenzierung

Die Generation Z genauer zu erfassen, ist alles andere als leicht. Der Beratungskonzern EY (früher Ernst & Young), der regelmäßig Studien zur Generationenforschung in Auftrag gibt, hat es versucht. Er teilt sie in fünf Kategorien[17] ein. Ich schätze, Ihnen werden Repräsentanten der einzelnen Gruppierungen schon begegnet sein, mindestens bekannt vorkommen – aus dem persönlichen Umfeld oder den Medien. Auch wenn der Druck in Amerika auf junge Leute vermutlich noch viel größer ist als bei uns, vermute ich, dass die Ergebnisse – sicher nicht in den Prozentzahlen, aber in der Tendenz – auf Deutschland übertragbar sind. In jedem Fall zeigt die Einteilung in die fünf Kategorien, dass ein differenzierter Blick auf die Generation Z wichtig und richtig ist. Zudem gewährt die Untersuchung einen Einblick in das Fühlen junger Leute und in die Motivation ihres eigenen Handelns.

Die »gestressten Streber« – im Pandemiejahr 2021 mit 35 Prozent die größte Gruppe – haben Angst, nie gut genug zu sein. Sie setzen sich große Ziele und sind bereit, sich zu verausgaben, um sie zu erreichen. (Der Prozentsatz spricht schon mal dagegen, pauschal von einer »faulen Generation« zu sprechen. Dazu später mehr.) Ihnen folgen mit 22 Prozent die »authentischen Aktivisten«, die EY in seinen Ergebnissen so beschreibt: Sie »sind genauso motiviert wie gestresste Streber, haben aber ein anderes Ziel – die Rettung der Welt. Und sie werden von der Angst angetrieben, was passiert, wenn sie es nicht tun.« Auf 20 Prozent kommen die »verschlossenen« oder auch »zurückgezogenen Perfektionisten«. Die Autoren der Untersuchung beschreiben sie so: »Diese Gruppe konzentriert sich darauf, der Beste zu sein, nicht für Geld oder Auszeichnungen, sondern aus Liebe zu und der persönlichen Verbundenheit mit dem, was sie tun.« Sie hätten Karriere »neu definiert«. Dann haben wir es mit den »großen Träumern« zu tun (18 Prozent): große Pläne, wenig Antrieb. Sie erwarten Karriere und ein schönes Gehalt, wollen den Aufwand dafür jedoch gering halten. Die Autoren der Studie halten es für möglich, dass das Motiv Antriebslosigkeit eher im Elternhaus seine Grundlage hat und weniger mit externen Erwartungen zu tun hat. Bedauerlich ist meiner Meinung nach, dass gerade einmal 18 Prozent den wesentlichen

Anteil am schlechten Image der gesamten Generation Z haben. Die zahlenmäßig geringste Gruppe ist die »sorglose Wählerschaft« (fünf Prozent): junge Leute, die mit dem Strom schwimmen. »Sie folgen jedem Trend, der sie anspricht, ohne sich von Erfolgsdruck oder der Sorge treiben zu lassen, was andere denken«, erklären die Verantwortlichen der EY-Studie.

Es wird sicher niemanden erstaunen, dass die Gruppen der Aktivisten sowie Perfektionisten in der Pandemie deutlich zugenommen und die der Sorglosen stark abgenommen hat. Der Gedanke, dass entschlossenes Handeln nötig ist, um den nächsten Generationen eine bessere Welt zu hinterlassen, ist in der Generation Z weitverbreitet. Daher wundert es sicherlich auch nicht, dass junge Leute es gutheißen, wenn Arbeitgeber ihren persönlichen Werten zustimmen, die darauf abzielen, den Weltuntergang zu verhindern. Zwei Drittel der Generation Z suchen Unternehmen, die authentisch und genuin Anliegen wie Klimaschutz und Müllvermeidung leben und danach handeln. Folgen wir der EY-Studie, ist Authentizität ein, wenn nicht *der* zentrale Wert für die Generation Z. Authentisch zu sein, erscheint Jugendlichen und jungen Erwachsenen noch wichtiger als Freundschaften, Reichtum oder Sinnhaftigkeit. Dies hat sich durch die Pandemie verstärkt.

Das oben schon erwähnte Zukunftsinstitut hat mittels Umfrage sieben prototypische Lebensstile[18] für die gesamte deutsche Gesellschaft skizziert, um greifbarer zu machen, wie junge Menschen ticken und wie sie in Zukunft leben und arbeiten wollen. Ich gebe die Ergebnisse mit meinen eigenen Worten wieder, die Be- und Zuschreibungen sind aber allesamt vom Zukunftsinstitut.

1. »Digital Creatives«: Ihre Heimat ist, wie der Name schon sagt, der digitale Raum, über den sie die Welt von morgen gestalten wollen. Strenge hierarchische Gefüge und in Stein gehauene Strukturen im beruflichen Miteinander lehnen sie

ab. Gearbeitet wird von überall aus und wenn es sein muss, auch außerhalb der normalen Arbeitszeiten. Im Gegenzug erwartet der Digital Creative eine Unternehmenskultur, die Vertrauensarbeitszeit befördert und auf Eigenverantwortlichkeit setzt.

2. »Neo-Hippies«: Wie die Vorbilder der Sechzigerjahre bemühen sie sich, ein neues Bewusstsein für Gemeinschaft zu etablieren. Ihr Motto lautet: Teilen und mehr Zeit in Gemeinsamkeit. Kommunikative Aufgeschlossenheit ziehen sie individueller Verschlossenheit vor. Es liegt auf der Hand, dass Neo-Hippies stark ausgeprägte Hierarchien, auch in der Arbeitswelt, ablehnen.
3. »Me Professionals«: Sie frönen dem Individualismus und dem Materialismus, weshalb Unternehmen sie mit Leistungen wie Firmenautos oder Boni ködern können. »Ihnen ist finanzielle Unabhängigkeit genauso wichtig wie gesellschaftliches Ansehen. Leistung, Luxus und Lebenslust stehen bei ihnen im Vordergrund«, beschrieb das Zukunftsinstitut die Vertreter dieser Kategorie. Me Professionals prahlen gerne mit ihren Leistungen vor Publikum, sie mögen Bewunderung.
4. »Self Balancer«: Auch bei ihnen ist der Name Programm. Zwei Dinge stehen im Vordergrund: selbst und Balance. In diesem Lebensstil spiegelt sich die Abkehr vom Modell der Eltern und Großeltern wider. Typisch für die Generation Z ist: Gesundheit und Wohlbefinden stehen über anderen Zielen. Nicht nur das Privat-, auch das Arbeitsleben richtet sich nach diesen Kriterien aus. Wert legen sie auf sinnstiftende Arbeit in einem freundlichen Team und angenehmer Atmosphäre. Geld spielt für sie eine untergeordnete Rolle.
5. »Vorwärtsmacher«: Sie sind die Gestalter der Zukunft, Treiber von Veränderungen in der Gesellschaft. Sie zeichnen sich durch Durchsetzungsvermögen und gut ausgeprägte soziale

Skills aus. Gesellschaftlicher Status und Reichtum haben für sie keinen Reiz, die Wirkung ihres Schaffens motiviert sie mehr. »In diesem inneren Antrieb liegt auch das Geheimnis ihres Erfolgs«, beschreibt das Institut die Vorwärtsmacher. »Ihr unbedingter Wille ist es, etwas für die Gesellschaft zu tun. Sie treiben ökologische, soziale und politische Themen mit Pioniergeist voran und setzen neue Maßstäbe in der Wirtschaft.«

6. »Moderner Nomade«: Sie sind – im wahrsten Sinne des Wortes – ständig in Bewegung, beim sozialen Umfeld eher flexibel und brauchen kein Nest, in dem sie sich daheim fühlen. Moderne Nomaden sind überall daheim und schlagen alle paar Wochen ihr Zelt woanders auf. Im Übrigen sind sie wissbegierig und stets offen für neue Impulse, Erlebnisse und Kontakte. Dass diese Kategorie das klassische Karrieredenken ablehnt, erwähne ich hier nur aus Gründen der Vollständigkeit.
7. »Mainstreamer«: Sie fallen nicht oder selten aus ihrer Rolle und verhalten sich eher angepasst. Für sie sind Dinge wichtig, die sich bewährt haben. Das Zukunftsinstitut definiert sie so: »In einer Welt, die immer mehr Optionen bietet und sich immer schneller wandelt, sehnen sich Menschen mit dem Lebensstil des Mainstreamers nach Klarheit, Einfachheit und dem Gefühl, gut aufgehoben zu sein. Sie sehen sich als Mitte der Gesellschaft und definieren sich über kollektive Zugehörigkeit. Sie suchen soziale Anerkennung, Sicherheit und Resonanz im Vertrauten.«

Natürlich gibt es Zwischentöne, wird vermutlich manche Leserin und mancher Leser denken: Ich passe weder hier noch da. Trotzdem erlaubt das Ergebnis Rückschlüsse vor allem in Bezug auf die Generation Z. Die Umfrageergebnisse zeigen Unterschiede zwischen

Jung und Alt. 63 Prozent der 16- bis 25-Jährigen sehen den Sinn des Lebens darin, Spaß zu haben und sich leisten zu können, was ihnen gefällt. Aber nur für 37 Prozent dieser Altersjahrgänge ist es mit das Wichtigste, eine anerkannte Stellung in der Gesellschaft zu erreichen.

Ich persönlich liebäugle mit dem Lebensstil der Vorwärtsmacher, denn diese benötigen wir dringend in Deutschland.

DIE UNLUST-VERMEIDER

»Ich lehne Leistungsorientierung ab.« So lautete die Ansage eines Workshop-Teilnehmers aus der Generation Z, dessen Lieblingswörter offenkundig »Freizeit« und »wohlfühlen« sind. Er fügte hinzu: »Wichtig ist mir, dass es mir gut geht, ich genug Freizeit habe für Sport und das, was mir Spaß macht. Und auch im Job will ich mich wohlfühlen.«

Der erste Teil der Aussage war krass und ich habe viel darüber nachgedacht. Ich, selbst der Generation X zugehörig, komme aus einer Arbeiterfamilie aus Ludwigshafen, wo viele meiner Verwandten in der BASF gearbeitet haben. Schon früh stand für mich fest: Ich will im Leben etwas erreichen, mir etwas aufbauen. Daher betrachte ich mich – so wie es die überwältigende Mehrheit meiner Mitmenschen der Generationen X und der Babyboomer tut – als leistungsorientiert. Ja, ich hatte große Ziele, sah mich regelrecht in der Pflicht, es nach oben zu schaffen, da ich als erstes Mitglied meiner Familie studierte. Das macht mich bis heute stolz. Denn einfach hatte ich es nicht – und war es auch nicht.

Ich liebe meine Arbeit und freue mich, wenn ich erlebe, wie Leute, die ich berate und inspiriere, wachsen, Karriere machen oder es nach Gesprächen mit mir leichter haben im Kollegenkreis. Mein Beruf, zu dem ich mich berufen fühle, erfüllt mich. Ich bin kein Workaholic und habe gerne frei, Urlaub ist für mich ein absolutes Muss. Aber wenn es sein muss, dann rackere ich bis tief in die Nacht, ohne dass ich mich dafür schämen oder – auch vor mir selbst – entschuldigen würde. Ich sehe in Fleiß, Einsatz, Leistungsbereitschaft und beruflichem Schaffen nichts Verwerfliches. Im Gegenteil. Ich bin glücklich, wenn ich arbeite, der Job gibt mir Sinn und Halt im Leben. Dazu stehe ich.

Doch scheint es so, dass Leistung und Leistungsbereitschaft in der jungen Generation nicht mehr angesehen und angesagt sind. Vertretern der Generation Z geht es offenkundig besonders darum, sich bei der Arbeit (und anderswo) wohlzufühlen. Dabei ist doch klar: Unser Wohlbefinden resultiert aus den Errungenschaften der Vergangenheit. Der Wohlstand kam nicht aus dem Nichts, er wurde geschaffen von fleißigen und leistungsorientierten Menschen, die sich als »Boomer« verspotten lassen müssen von jungen Erwachsenen, die bisher nichts oder nur marginal zur deutschen Wertschöpfung beigetragen haben. Wenn große Teile einer Generation denken, Wohlstand sei angeboren und müsse nicht verdient werden, ist es nur logisch, dass sie sich nicht an Leistung orientiert, sich der Arbeitseinstellung ihrer Eltern und Großeltern verweigert und das zur Schau stellt. Was eine Art Treppenwitz ist: Leisten – wobei das auch im eigentlichen Wortsinn gemeint ist – können es sich die jungen Menschen nur, weil ihre Vorfahren an Leistung glaubten.

Nicht zuletzt deshalb hat sich die Generation Z, die noch gar nicht so lange auf der Welt ist, in ziemlich kurzer Zeit ein mieses Image erworben. Das zeigte auch eine im Mai 2023 veröffentlichte Untersuchung der Beratungsgesellschaft EY[19] und dem Institut für Generationenforschung. Die Erhebung ergab, dass knapp 70 Prozent aller Befragten zwischen 16 und 84 Jahren die Generation Z für nicht oder weniger leistungsfähig halten als die älteren Deutschen. Spannend dabei ist, dass der bedenkliche Wert nur deshalb nicht noch höher ausgefallen ist, weil Vertreter der Gen Z selbst an der Umfrage teilnahmen. Leicht mehr als die Hälfte von ihnen bescheinigte sich das Gegenteil, also topfit im Job zu sein. Umgekehrt heißt das natürlich, dass sich die andere Hälfte der Generation Z auch selbst ein ziemlich schlechtes Zeugnis ausstellte: Fast 12 Prozent stimmen »voll« und rund 37 Prozent »eher« der These zu, dass sie »weniger leistungsfähig« seien als die älteren Generationen.

Die Selbsteinschätzung kann damit zu tun haben, dass sich das öffentlich gezeichnete Bild von der Generation Z in die Köpfe ihrer Vertreter gebrannt hat, dass also junge Leute immer wieder gehört und gelesen haben, sie seien faul, arbeitsscheu und -unfähig – und das nun tatsächlich auch selbst glauben. In jedem Fall kommen in den Umfragewerten die großen Generationsunterschiede in der Einstellung zur Arbeit und zum Unternehmen zum Ausdruck. Rüdiger Maas, der Chef des für die Studie verantwortlichen Instituts, vermutet beides. Er hält einerseits eine »internalisierte Stereotype« für möglich, was bedeutet, dass die jungen Leute das Image über sie verinnerlicht haben. Aus seiner Sicht wird aber auch »ein völlig anderes Verständnis von Leistungsfähigkeit bei der Generation Z« offenkundig. Sie macht Schluss mit der Losung der Älteren und Alten, die da lautete: erst die Arbeit, dann das Vergnügen.

Spaß zu haben und das Leben zu genießen, heißt nicht, faul zu sein. Faulheit ist eine Charaktereigenschaft, eine Zuschreibung, die nach meinem Erleben nicht pauschal auf die jüngeren Menschen zutrifft. Schnappatmung kriege ich, wenn ich von der »Generation arbeitsscheu« lese, selbst wenn danach ein Fragezeichen kommt – nicht nur deshalb, weil die Nazis »Asoziale« als »arbeitsscheue Elemente« bezeichneten. Ich glaube nicht, dass junge Leute Arbeit scheuen im Sinne purer Ablehnung aus Interesse- und Antriebslosigkeit oder niederen Motiven. Sie lernen, studieren und haben in der Regel einen (Neben-)Job, schon um Geld zu verdienen. Nur ist der nicht ihr Ein und Alles und nicht der Mittelpunkt ihres Lebens.

»Wir sagen nicht, dass wir nicht arbeiten wollen, wir wollen es nur unter anderen Bedingungen«, zitierte der *Spiegel*[20] einen jungen McKinsey-Berater, der sich »durchaus bereit« erklärte, »hart« zu arbeiten, was bei ihm hieß: In Projektphasen mehr als 40 Stunden pro Woche – was alles andere als viel ist in der Beraterszene, obendrein in einem Top-Unternehmen wie McKinsey, wo schon mal im Büro übernachtet wird, um alles zu schaffen, was ansteht. Der junge Mann möchte, laut *Spiegel*, auch genug Zeit haben »für Reisen, für Freunde und Familie, für seine NGO, mit der er Opfern sogenannter Konversionsbehandlungen helfen will, Menschen also, deren sexuelle Orientierung gezielt verändert oder unterdrückt werden sollte«. Er finde eben nicht nur in einer Sache Erfüllung. Während des Studiums habe er nebenbei Trompete gespielt, geschauspielert, sich für die LGBTQ-Community engagiert. Den Unterschied zu seinen Eltern und Großeltern formulierte der junge Mann so: »Wir haben jetzt das Privileg, dass wir mehr sein können als unsere Arbeit.« Und den Unternehmen – vor allem ihren Personalabteilungen – gab der McKinsey-Beschäftigte, zum Zeitpunkt des Interviews 23 Jahre alt, den Hinweis: »Die ältere Generation ist auch in der Verantwortung, sich an unsere Bedürfnisse anzupassen.«

Lohnt sich Leistung noch?

Vor Kurzem habe ich gehört, dass die Fragen »Was machst du?« oder »Was arbeitest du?« unter jüngeren Leuten nahezu tabu sind – man stellt sie nicht, da es angeblich egal ist, womit ein Mensch Geld verdient. Dahinter steckt der in der jungen Generation populäre Hang zur Nivellierung, zur Gleichmachung, weshalb bei jeder Gelegenheit betont wird, dass Geschlechter und Hautfarben keine Rolle spielen sollten. Bei Letzterem bin ich sehr gerne dabei. Aber wie der Menschheit zu einer neuen Bewusstseinsstufe verholfen werden soll, wenn man seinem Gegenüber den Beruf verschweigt, ist mir ein Rätsel, das ich nicht zu knacken vermag.

Jüngere Arbeitnehmer sprechen lieber über Morgenrituale, Biodiversität, Achtsamkeit, Freizeitmöglichkeiten, Netflix-Serien, den

Klimawandel und die Verteilung von Reichtum als über ihren Job – etwa wie der Lieferengpass beseitigt und der nächste Auftrag bestmöglich realisiert werden kann. Daheim reden sie nur von der Arbeit, wenn es mit ihnen selbst und ihrem Wohlbefinden zu tun hat, wenn der Chef »böse« war und man mal wieder nicht wertgeschätzt worden ist.

Bevor Sie mir Polemik vorwerfen, zu der ich mich übrigens bekenne, da ich ein Debatten- und kein Wir-haben-uns-alle-lieb-Buch schreiben wollte: Ich will nicht sagen, dass die Arbeit keine wichtige Stellung im Leben junger Menschen hat – ich komme gleich darauf zu sprechen. Der Beruf taugt für sie nur nicht mehr als öffentlicher Ausweis, es geschafft zu haben, was immer »es« für einen Bundesbürger der Gegenwart heißt. Schon gar nicht mehr wird das Schaffen um des Geldes willen als alleiniger Lebensinhalt betrachtet, was ich sehr wohl verstehe. Das Verständnis hört jedoch bei den Schlussfolgerungen auf, die die Generation Z daraus ableitet: Viele wissen aus eigener Erfahrung oder wenigstens vom Hörensagen, wie die Babyboomer sich aufgerieben und kaputtgearbeitet haben und dabei oft über ihre eigenen Grenzen gegangen sind, bis hin zu körperlicher oder seelischer Krankheit: Stichwort Burn-out. Die Antwort der Generation Z darauf lautet: So wollen wir das nicht! Immer weiter, immer schneller – das kann so nicht weitergehen. Rette sich, wer kann. Kapitalismus ist doof. Leistung ade. Wettkampf ade.

Diese Einstellung teile ich nicht. Weite Teile der Gesellschaft unterstützen hingegen den Kurs, sie versuchen, Kinder und Jugendliche zu schonen. Damit Kids nicht weinen, wenn sie in einem Wettkampf verlieren, wird der Wettkampf kurzerhand abgeschafft. Die Bundesjugendspiele[21] in der Grundschule sind ein Paradebeispiel für die um sich greifende Kuschelmentalität, die – so behaupte ich ohne schlechtes Gewissen – Deutschland zunehmend in Schule, Ausbildung und Arbeitswelt prägt. Die Bundesjugendspiele werden in Disziplinen der Leichtathletik und im Schwimmen nur noch als

Wettbewerb und nicht mehr als Wettkampf veranstaltet. Der zuständige Ausschuss der Kultusministerkonferenz (KMK) der 16 Bundesländer will das Teamergebnis in den Vordergrund rücken, damit weniger auf die Einzelleistung geschaut wird. Zugegeben: Der Ansatz klingt auf den ersten Blick plausibel. Nicht alle Kinder sind begeistert von den sportlichen Festspielen, für einige ist der Tag ein regelrechtes Martyrium, da sie sich blamieren und vielleicht gehänselt werden. Emotional verstehe ich das. Nur sehe ich darin ein Problem unserer Gesellschaft. Damit die Schlechten nicht traurig sind, müssen die Besten und Allerbesten auf Erfolgserlebnisse verzichten. Ich schlussfolgere daraus: Die deutsche Gesellschaft will eben keine Champions, jammert aber, wenn Goldmedaillen ausbleiben und Mittelmaß regiert. Und denkt jemand mal an die Kinder, die im Unterricht Schwierigkeiten haben, aber im Sport Bombe sind? Denen nimmt man ein Erfolgserlebnis, das motiviert und ihnen zeigt: Leistung lohnt sich, also nutze dein Talent.

Im Weitsprung soll, wie ich las, das Maßband als Kriterium für die Messung einer Leistung wegfallen. Falls es tatsächlich so ist, wovon ich ausgehe, werden Zonen festgelegt: Alle Mädchen oder Jungen, die in einem Bereich landen, werden gleich ge- und bewertet. Niemand gewinnt, niemand wird Letzter sein. Meinetwegen. Aber nun stellen Sie sich vor, dass Johann sich bei seinem letzten Versuch um satte 15 Zentimeter verbessert, aber immer noch im gleichen Bereich landet, während Leon drei Zentimeter zulegt, die aber für das nächste Level reichen. Wer freut sich nun mehr? Johann könnte sogar traurig sein, weil er im Grunde keinen Sprung nach vorn geschafft hat – trotz der 15 Zentimeter mehr packte er die Verbesserung in den höheren Bereich nicht.

Ja, ich weiß, ich bin eh nicht vom Fach. Also schauen wir doch einmal, was Felix Loch, mehrfacher Olympiasieger und Weltmeister im Rodeln, über die Neuerung zu sagen hat. Er sollte als professioneller Leistungssportler wissen, was Leistung bedeutet. Auf

Facebook schrieb er am 1. September 2023 zur Urkunde seines Sohnes bei den Bundesjugendspielen: »Es geht um Leistung, ums Verlierenlernen und um den Respekt gegenüber Menschen, die eben auch mal besser sind als du selbst. Nur durch Konkurrenzsituationen können wir besser werden.« In Deutschland sollte nicht die Devise gelten, »Wettkämpfe zu verhindern, sondern sie zu fördern«.

Recht hat der Mann. Ist das Sich-miteinander-Messen nicht auch ein starker Leistungsanreiz? Ich antworte gleich selbst – und zwar mit Sarkasmus: Das ist natürlich nicht länger vonnöten, wenn Leistung ohnehin nichts bedeutet und nicht zum Erfolg führt.

Was, wenn die neuen Regeln bei den Bundesjugendspielen Schule machen? Ich treibe den Gedanken einmal auf die Spitze: In Matheprüfungen könnten Lehrkräfte einen Korridor rund um das korrekte Ergebnis festlegen. Wer in ihm landet, läge immer noch richtig. Sagen wir: Bei 25 plus 25 einigen sich die Lehrkräfte auf »50 plus/minus 3«, was hieße, dass die Antworten 47, 48, 49, 51, 52 und 53 genau wie das tatsächlich korrekte Resultat 50 allesamt »richtig« wären, da alle Zahlen innerhalb der Vorgabe – also im selben Weitsprungbereich – wären. Das kann niemand wollen!

Meine Beraterkollegen und Kunden im Ausland machen sich längst lustig über die Mentalität in Deutschland und all diese Entwicklungen, von denen hier die Rede ist. Ein Manager wollte von mir wissen: »Wollt ihr euch selbst abschaffen mit diesem Kuschel-Mindset?« Tatsächlich frage auch ich: Mutieren wir zu einem Land von Traumtänzern, über das sich andere Nationen lustig machen? Dann sollten wir aufwachen, bevor es heißt: Kuschelland ist abgebrannt.

Nochmals sei betont: Ich behaupte nicht, dass junge Menschen dem Beruf keine hohe Bedeutung im Leben zubilligen, und schon gar nicht unterstelle ich ihnen, faul oder arbeitsunwillig zu sein. Das geben diverse Umfragen auch nicht her. 77 Prozent der 16 bis 24 Jahre alten Befragten einer YouGov-Erhebung für den Automobilzulieferer Continental[22] gaben an, dass Arbeit in ihrem Leben wichtig sei. Bei den 25 bis 67 Jahre alten Teilnehmern der Umfrage liegt der Wert bei 80 Prozent, also nur um wenig mehr. Ein signifikanter Unterschied zwischen den Generationen wird erst sichtbar, wenn man einen Blick auf die Shell-Studie[23] von 2023 wirft, die Ähnliches abfragte. Die Wichtigkeit von Arbeit bezieht sich auf die damit verbundene Erwartung (und Hoffnung), sozial nicht abzustürzen – daneben tritt die inhaltliche Wertigkeit des beruflichen Schaffens in den Hintergrund.

Ich vermute, dass der Zusammenhang zwischen wettbewerbsfähigen Unternehmen und einem »sicheren« Arbeitsplatz in der Generation Z schlichtweg nicht oder zu wenig gesehen und anerkannt wird, was auch daran liegt, dass sich junge Leute seltener für ökonomische Kausalitäten interessieren. In ihrem Fokus stehen die unmittelbare Lebensplanung und die Vereinbarkeit mit anderen Lebenszielen. »Bei den Erwartungen an die Berufstätigkeit dominiert weiterhin das Bedürfnis nach Sicherheit«, heißt es in der Shell-Studie 2023. Konkret: Einen »sicheren« Arbeitsplatz halten 93 Prozent der Jugendlichen für »wichtig« oder »sehr wichtig«. Ich habe von jungen Leuten gehört, die gerne in den öffentlichen Dienst und noch lieber Beamter werden wollen, was mich angesichts der Shell-Studie nicht wundert.

Der Staatsdienst hat was. Er bietet formal jene Sicherheit, nach der sich junge Frauen und Männer sehnen. Wer will es ihnen in Zeiten der Unsicherheit verdenken? Denn mehr und mehr erleben, wie es ist, wenn die Anspruchshaltung mit der Wirklichkeit kollidiert. Im November 2023 ging ein kurzes Video einer jungen Berlinerin auf Jobsuche viral, in dem sie ihre Gefühlswelt offenbarte. Unter Tränen berichtete sie vom »größten Nervenzusammenbruch ever«. »Da sind Leute, die wollen dir 36.000 Euro brutto im Jahr geben – als Vollzeitangestellte, aber du kriegst auch 30 Tage im Jahr Urlaub«, klagte sie. »Das Schlimmste ist: Die 30 Tage sind ja noch viel – im Jahr! Ich weiß jetzt wirklich nicht, wie man überleben soll.« Und weiter: »Wann wachen wir endlich alle auf und checken, dass wir einfach nicht mehr arbeiten gehen sollen?«

Das war ein Protest gegen gefühlte Ungerechtigkeiten und ein schlagender Beweis für ebenjene von mir kritisierte Anspruchshaltung an das Leben im Allgemeinen und die Unternehmen im Speziellen. Es offenbarte ein gerütteltes Maß an Verwunderung, dass die reale Welt anders ist als die vorgegaukelte der sozialen Medien. Mit 30 Urlaubstagen liegt Deutschland im internationalen Vergleich weit über dem Schnitt. Fragen Sie mal einen US-Amerikaner oder Kanadier, was der zu sechs Wochen bezahltem Faulenzen sagen würde, böte es ihm ein Arbeitgeber an! Die würden Luftsprünge machen.

In der Klage der jungen Frau schwang auch die Frage mit: Lohnt sich Arbeit überhaupt noch? Genügt nicht das Bürgergeld? Das ist zwar nicht so hoch und reicht nicht für den Urlaub in Thailand. Aber der Betrag ist nun auch keine Lichtjahre von 36.000 Euro Jahresgehalt entfernt. Und Freizeit hat man zuhauf, wenn man keiner geregelten Arbeit nachgehen muss.

Gilt also das Versprechen von Arbeitsminister Hubertus Heil und seiner Vorgänger auf diesem Regierungsposten überhaupt noch, dass sich »Arbeit lohnen muss«? Die Jüngeren können damit kaum mehr etwas anfangen. Sie fragen: Welchen Preis muss ich für den Lohn zahlen, den ich für meinen Job kriege? Der Traum vom Eigenheim ist ausgeträumt. Warum soll ich mir – bei den Immobilienpreisen (!) – den Rücken krumm machen, um mir in 30 Jahren ein Haus zu kaufen? Wer aus einer vermögenden Familie kommt, wird irgendwann eine Eigentumswohnung oder ein Haus oder so viel Geld erben, dass er eine Immobilie bezahlen kann. Wer aus bescheideneren Verhältnissen stammt und in der Gewissheit lebt, dass er sich von dem »Hungerlohn«, den er kriegt, sowieso niemals eine eigene Hütte wird leisten können, wird eher denken: Dann arbeite ich lieber weniger und genieße meine Freizeit.

Unter der Generation Z macht sich – so ist jedenfalls mein Eindruck – die Erkenntnis breit, dass Glück mehr mit der psychischen und physischen Gesundheit zu tun hat als mit Hab und Gut. Materielle Werte sind out, immaterielle sind in – erst recht, wenn man fest davon ausgehen kann, dass man ein Haus oder eine Wohnung erben wird. Das Verhältnis zum Geld hat sich verändert. Junge Leute mit Kohle zeigen es selten offen, wie es die Geissens oder der Designer Philipp Plein auf Instagram mit Vergnügen tun. Junge Start-up-Millionäre laufen in Klamotten herum wie zu Zeiten ihres Beginns als Unternehmer: in simplen Jeans, T-Shirts und Sneakers, möglichst »fair« und »nachhaltig« hergestellt – das ist ihnen wichtiger als eine Marke. Reichtum gilt als verwerflich, Konsum ist in Verruf geraten. Minimalismus ist der neue Lifestyle, Protz nicht länger geil. Die Relevanz von Statussymbolen nimmt ab, man kann die jungen Menschen nicht mehr ködern wie Generationen davor. Die wollen keinen Porsche, sondern Tempolimit auf den Autobahnen.

Körper und Psyche fit zu halten, ist wichtiger. Nicht zuletzt deshalb besteht ein großes Bedürfnis nach persönlicher Ansprache. Viele Z-ler wollen selbstständig und selbstbestimmt arbeiten. Das ist an und für sich gut, wenn sie auch wirklich selbstständig wären und nicht nur selbst bestimmen wollen, was das Richtige für sie und das Unternehmen ist. Auch hier bilden eine enorme Anspruchshaltung und ein mehr oder weniger ausgeprägter Egoismus ein unheiliges Paar: Es geht um eigene Bedürfnisse, die über den Interessen des Unternehmens und – wenn man so will – damit über den Anliegen der Gesellschaft insgesamt stehen. Der deutsche Staat soll Milliarden für den Klimaschutz und »die Armen« ausgeben, aber wer das viele Geld verdient, interessiert die Generation Z nur marginal. Sie kennt und setzt auf elterliche und staatliche Fürsorge und vergisst, dass die Milliarden erst einmal erwirtschaftet werden müssen. Das Motto junger Leute lautet: Ich bestehe darauf, dass es mir gut geht. Lifestyle und Hedonismus werden großgeschrieben. In den Köpfen junger Menschen ist ein Konzept von Arbeit verankert, das mehr mit einer Wohlfühloase zu tun hat denn mit Anstrengung.

Der neue Hedonismus

Die Generation Z besteht aus Genussmenschen. Der *Spiegel* brachte es in der Titelgeschichte, aus der ich den McKinsey-Berater zitiert habe, bestens auf den Punkt: Die Generation Z »erwartet, dass sich der Job an ihr Leben anpasst. Und nicht etwa umgekehrt.« Deshalb sind ihnen flexible Arbeitszeiten, Arbeiten von einem beliebigen Ort aus und Kommunikation »auf Augenhöhe« so wichtig. Arbeiten ist okay, aber nicht mit dem Ziel, den wirtschaftlichen Erfolg des Unternehmens zu erhöhen, schon gar nicht den seiner Aktionäre oder anderer Eigentümer. Betont wird die Wichtigkeit von Achtsamkeit und »mentaler Gesundheit«. Das meiste ihres Tuns steht unter dem Fokus persönlicher Glückssuche und eigener Vorteile, gerne emotional aufgeladen und moralisch begründet. Auch der Job wird unter diesen Gesichtspunkten ausgesucht und möglichst gestaltet. Was mich fasziniert, aber auch irritiert: In Bewerbungsgesprächen geben sie ohne Umschweife zu, dass ihr Wohlbefinden, ihre ganz persönlichen Anliegen das A und O sind und der Job dazu passen muss. Ärgerlich wird es dann, wenn der Egoismus mit Äußerungen über gesellschaftliche Anliegen wie Klima- und Umweltschutz übertüncht wird.

Selbstfürsorge, Stressvermeidung und Entschleunigung sind angesagt in der Generation Z. Hoch im Kurs stehen Anti-Stress-Programme, Selfcare-Checks, Entspannungsübungen und natürlich Selbstreflexion, gerne in Verbindung mit einer Tasse Jasmintee und Duftkerzen. Sei lieb zu dir und gehe mit dir fürsorglich um, tönt es auf YouTube-Kanälen von Coaches, die sich bisweilen

»spirituelle Kraft« und »Visionen« bescheinigen, wobei mich vor allem überrascht, dass man mit kalenderspruchartigen Weisheiten Geld verdienen kann.

Die regelmäßig durchgeführten »Arbeitsbarometer« von Randstad[24], in Deutschland die Nummer 1 unter den Personaldienstleistern, belegen den Trend. 58 Prozent der befragten Männer und Frauen zwischen 18 und 24 Jahren würden ihren Job kündigen, wenn sie dafür Einbußen an der Lebensqualität hinnehmen müssten. 33 Prozent »wären lieber arbeitslos als unglücklich im Job«, zeigte eine der Randstad-Untersuchungen. Von enormer Bedeutung ist die schon erwähnte Sinnhaftigkeit des Tuns. Exakt die Hälfte der Befragten »würde einen Job nicht annehmen, wenn sich das Unternehmen nicht proaktiv für mehr Nachhaltigkeit einsetzt«.

In ihrer Zeit als SPD-Vorsitzende sowie Bundesministerin für Arbeit und Soziales hat Andrea Nahles tapfer an der Seite der Beschäftigten für deren Rechte und Belange gekämpft. Vom Regierungsviertel aus war das leicht, denn die Konfrontation mit der Realität findet im Mikrokosmos der Berliner Republik kaum statt – da hat frau gut reden. Nun ist sie Chefin der Bundesagentur für Arbeit und erlebt hautnah, was in den Unternehmen los ist und was diese umtreibt. »Fragen der Work-Life-Balance müssen neu ausgehandelt werden, wie meine Generation die Verteilung der Arbeit zwischen Frau und Mann in Familien neu ausgehandelt hat«, zitierte die *Augsburger Allgemeine* die Mittfünfzigerin. Nahles[25] schob einen Appell hinterher, in dem Kritik deutlich wird und den sie als Politikerin vermutlich nicht so formuliert hätte: »Aushandeln heißt aber auch an die jüngere Generation gerichtet: Arbeit ist kein Ponyhof.«

Handelt es sich hierbei um eine veraltete Metapher, ein Auslaufmodell? Geht es jetzt darum, Unlust zu vermeiden im Job, um umso lustvoller genießen zu können? Welche Konsequenzen hat das für unsere Wirtschaft, wenn wir rein nach dem Lustprinzip leben?

Wenn sich junge Beschäftigte doch einmal zu Überstunden bereit erklären, was glauben Sie, was mir meine Kunden erzählen, wie die Antwort auf die Frage ausfällt: Zeitausgleich oder Auszahlung der Überstunden? Natürlich Zeitausgleich. Denn Freizeit hat für die Generation Z einen viel höheren Wert als ein paar Moneten auf dem Konto. Auch das belegen diverse Studien.

Mia aus Stuttgart hat die Hauptschule besucht und sich mithilfe ihrer Lehrerin als Praktikantin in einem Handwerksbetrieb beworben, für den kaufmännischen Zweig. Zu Ihrer Info: Das dreigliedrige Schulsystem aus Hauptschule, Realschule sowie Gymnasium existiert nur noch in Baden-Württemberg, Bayern und Hessen. Die Chefin der Firma schrieb Mia mehrere E-Mails, da die Unterlagen nicht vollständig waren. Doch die Praktikantin in spe reagierte nicht. Trotzdem kam irgendwie und irgendwann ein Kennenlerntermin zustande, zu dem die Jugendliche immerhin pünktlich erschien. Schon früh im Gespräch stellte sie klar: »Ich will keinen so anstrengenden Job, deswegen bewerbe ich mich für einen kaufmännischen Beruf.« Die Chefin, der Generation Y angehörend, ließ sich, wie sie mir erzählte, ihre Irritation nicht anmerken und fragte: »Warum interessierst du dich nicht für einen handwerklichen Beruf?« Mia offenherzig: »Das ist mir zu viel Arbeit. Ich will nur ein bisschen Bürotätigkeit machen, tippen und so was.« Dass Kommunikation mit Kunden und administrative Dinge auch Arbeit sind, war Mia nicht wirklich klar. »Hast du dich über unsere Firma informiert?«, fragte die Chefin. »Nein, wieso?«, entgegnete Mia. »Es ist halt ein Handwerksbetrieb wie jeder andere.« Die Jugendliche offenbarte, dass sie keinen einzigen Handwerksbetrieb bislang von innen gesehen hatte. Ihr spärliches Wissen hatte sie aus dem Internet und eben nicht aus eigener Erfahrung.

Bei der Suche nach Antworten auf Fragen zu ihren Stärken sowie Schwächen kam Mia ins Schlingern – und brach in Tränen aus. Das Motiv konnte die Chefin nicht ausfindig machen. Wir, sie und ich, rätselten gemeinsam, was es gewesen sein könnte, das die Jugendliche zum Weinen gebracht hatte. Vielleicht schämte sich das Mädchen, weil es begriff, sich nicht genug auf das Gespräch vorbereitet zu haben, und nun mit den selbst verursachten Unzulänglichkeiten konfrontiert wurde, wie sie es von zu Hause offensichtlich nicht kannte. Die Chefin glaubte, dass Mia hartnäckiges Nachfragen von den Eltern nicht gewohnt sei. Vielleicht spürte das Mädchen, dass ihre Antworten nicht gut ankamen. Vielleicht ahnte sie in dem Augenblick, dass das (Arbeits-)Leben kein Ponyhof ist. Vielleicht war sie ganz einfach überfordert von der Situation.

Geschichten dieser Art erzählen mir Führungskräfte immer wieder. Und das immer öfter. Manchmal erleben junge Leute Kennenlern- oder Bewerbungsgespräche wie einen Zusammenstoß mit dem, was ältere Generationen »den Ernst des Lebens« nennen. Die sozialen Medien zu durchpflügen und hier mal ein Herz und dort mal einen Smiley zu setzen, ist halt einfacher, als zu arbeiten und mit unmittelbarem Feedback umgehen zu müssen. Und es kann eben nicht jeder ein erfolgreicher Instagramer sein.

Nach meinen Erfahrungen scheint es so, dass Jugendliche und junge Erwachsene – übrigens ganz besonders jene aus »guten Verhältnissen« – schnell an die Grenzen des für sie physisch und psychisch Leistbaren stoßen. Nicht nur Frauen, sondern auch Männer der Generation Z sind schnell überfordert, leicht zu erschüttern und nah am Wasser gebaut. Meiner Meinung nach handelt es sich hier um eine Art Überemotionalität. Schon ein Hauch von Kritik kann markerschütternd sein. Es ist alles andere als selten, dass junge Menschen während oder nach einem Feedbackgespräch in Tränen ausbrechen, obwohl sie lediglich Hinweise erhielten, künftig (noch) besser zu werden. Das ist das Ergebnis von zu viel Harmoniewillen in der Kuschelrepublik Deutschland.

Vielleicht ist die Angst davor, sich »dem Ernst des Lebens« zu stellen und zu versagen, sogar einer der Gründe, Arbeit zu meiden.

Aber das ist eine reine Mutmaßung. Anders ist es bei der körperlichen Beanspruchung. Junge Frauen und Männer sagen schon im Bewerbungsgespräch oder spätestens während der ersten Tage im neuen Job, dass sie keine Überstunden machen wollen, weil sie sonst so schnell ausgelaugt und kaputt sind.

Ich gebe hier eine Story wieder, die Sie besser im Sessel mit Armlehnen und nicht auf einem Stuhl lesen sollten, damit sie nicht von Letzterem fallen, wenn Sie sie lesen. Ein Sanitärbetrieb in Oberbayern hatte nach langer, quälender Suche endlich einen passenden Azubi gefunden. Im zweiten und entscheidenden Bewerbungsgespräch erfuhr der junge Mann von der für ihn erschütternden Realität, dass die Firma – man lese und staune – das ganze Jahr arbeitet. Er stellte daher die für ihn wichtige Frage, die wiederum seine Zuhörer erschütterte: »Wie, im Winter muss ich auch arbeiten? Da ist es doch aber kalt, das mag ich nicht so gern.« Noch einmal für alle: Es handelte sich um einen Sanitärbetrieb! Die haben bekanntlich im Winter naturgemäß viel zu tun. Die Mutter des Knaben, die ihn zum zweiten Bewerbungsgespräch begleitet hatte, lächelte fürsorglich und zugleich auch etwas angespannt, da peinlich berührt von dem, was ihr Spross zum Besten gab. Leider war die Aussicht auf Winterarbeit der große Hinderungsgrund, diese Ausbildung zu beginnen, und der junge Mann wurde dort nicht mehr gesehen.

Sehr oft wird mir von Aussagen dieser Art berichtet: »Acht Stunden am Stück an einem Tag arbeiten, das schaffe ich einfach nicht, das ist mir wirklich zu anstrengend.« Köstlich ist das Statement eines jungen Mannes, das mir so zugetragen worden ist: »Ich hätte gerne immer am Montag und am Freitag frei.« Zur besseren Einordnung: Ausgeschrieben war die Stelle »Vollzeit«. Ich weiß, das klingt alles wie aus einer anderen Welt. Aber die Zitate stammen sämtlich aus deutschen Landen.

Mein Favorit in der Rubrik Dreistigkeit ist das Verhalten einer Mittzwanzigerin: Sie hatte einen befristeten Vertrag in einer Werbeagentur von Februar bis Dezember, also elf Monate. Danach wollte man sich zusammensetzen, um zu klären, wie es weitergehen könne. Kurz vor Ende des Jahres bat sie um eine Verlängerung des Vertrages. Aber nicht aus dem Grund, an den Sie jetzt vielleicht wohlwollend denken. Ihr ging es nicht um die Sicherung ihres Lebensunterhalts durch Entfristung des Vertrages. Und schon gar nicht ward in ihr die Flamme der Leidenschaft für die Werbeagentur entfacht. Vielmehr fragte sie: »Können wir nicht noch bis Ende Januar verlängern? Dann könnte ich Arbeitslosengeld beziehen und es mir nach dem anstrengenden Jahr erst einmal gut gehen lassen.« (Das Arbeitslosengeld bekommt nur, wer zwölf Monate in die Arbeitslosenversicherung eingezahlt hat.)

Selbst in diesem Fall glaube ich nicht an Faulheit. Hier geht es eher um Bequemlichkeit und Egozentrik. Man nimmt halt gerne mit, was man kriegt. Definitiv zeigt sich eine absurde Anspruchshaltung, deren Erfüllung sich hier an alle richtet, die in die Arbeitslosenversicherung einzahlen, die brav ihren Job machen, damit andere, die gerade keinen haben, versorgt sind. Ich kann mir nicht vorstellen, dass die junge Frau irgendein Bewusstsein dafür hat.

Am liebsten gar keine Arbeit

Immerhin: Die Frau hat es mit einem Job versucht. In Deutschland existiert nämlich eine seit der Coronapandemie wieder wachsende Gruppe junger Menschen, die weder arbeiten noch in einer Schule, Ausbildung oder einem Studium sind. Wir sprechen hier von einer stolzen Zahl von 630.000 Jugendlichen und jungen Erwachsenen. Stellen Sie sich vor, ganz Düsseldorf arbeitet nicht: die nordrhein-westfälische Landeshauptstadt hat knapp 630.000 Einwohner. Und noch eine Vergleichszahl, die passt: Nach einer Studie des Instituts der deutschen Wirtschaft konnten 2022 bundesweit mehr als

630.000 offene Stellen für Fachkräfte nicht besetzt werden, weil Interessenten nicht die benötigten Qualifikationen hatten.

»Tatsächlich gibt es eine wachsende Gruppe von Jugendlichen, die mangels Orientierung in kompletter Inaktivität verharrt«, beschrieb Christina Ramb, Mitglied der Hauptgeschäftsführung bei der Bundesvereinigung der Deutschen Arbeitgeberverbände, in der Zeitschrift *Aktiv*[26] das Phänomen, das keinesfalls neu ist. »Offensichtlich gibt es einen immer größeren Anteil von jungen Menschen, die schon den Weg der Berufswahl nicht konsequent gehen – und so für längere Zeiträume nicht ins Arbeitsleben finden.«

Die Nichtstuer zwischen 15 und 24 Jahren werden »NEETs« genannt. Die Abkürzung steht für die Anfangsbuchstaben von »Not in Education, Employment or Training«. Deutschland belegt laut europäischem Statistikamt mit einer NEETs-Quote von 6,8 Prozent Platz 8 unter den 27 EU-Staaten. Ich halte die Zahl für erschreckend hoch angesichts der Tatsache, dass die Generation Z ohnehin dem Arbeitsmarkt wenige Menschen bringt. Allerdings erkenne ich an, dass gerade beim Thema NEETs[27] ein differenzierter Blick notwendig ist und simples verbales Eindreschen auf die Betroffenen zu nichts führt.

Die Gründe, sich zu den NEETs zu gesellen, sind vielfältig. Ich gehe fest davon aus, dass unter ihnen ein hoher Anteil an Frauen und Männern ist, die sich der Arbeit, oder sogar »dem System«, verweigern, die einfach keine Lust haben und im Leben nicht klarkommen. Doch so ticken längst nicht alle. Zu den NEETs zählen auch jene, die sich nach dem Studium oder der Ausbildung erst einmal eine Auszeit nehmen und überlegen, was genau sie (machen) wollen oder sollen. Denn den beruflichen Platz im Leben zu finden, ist heute schwieriger als vor zwei, drei Jahrzehnten, auch weil kaum mehr etwas als zukunftsfest erscheint. Nicht jeder Beruf, den man heute ergreift, enthält die Garantie, davon in zehn oder zwanzig Jahren noch sein Dasein finanzieren zu können – das macht es jungen Leuten viel schwerer, eine Wahl zu treffen. Manche warten auch schlicht und einfach, bis sie den Ausbildungs- oder Studienplatz bekommen, von dem sie träumen. Andererseits: Wer die Wahl hat, hat die Qual. Das Überangebot an Jobangeboten führt dazu, dass junge Leute davor zittern, die falsche Entscheidung zu treffen. In der Psychologie existiert dafür ein Fachbegriff: Fear of Better Options (Angst vor besseren Optionen). Auch das kann zu einer inneren Blockade führen, sodass Betroffene bei den NEETs landen. Zugleich steigt die Anzahl junger Menschen, die es sich leisten können zu faulenzen und den Berufseinstieg endlos hinauszuzögern. Finanziell sind sie sicher, weil die Eltern genug Geld haben.

Die Frankfurter Organisation Joblinge[28], bei deren Münchner Standort ich auch schon unterstützend als Mentorin tätig war, kümmert sich um NEETs. In der Initiative engagieren sich, wie sie auf ihrer Website erklärt, Helfer aus Wirtschaft, Staat und Privathaushalten »gemeinsam, um junge Menschen mit schwierigen Startbedingungen zu unterstützen – und die Lücke zwischen deren Herkunft und Zukunft zu schließen«. Von Joblinge und der Bank of America bekam das Rheingold-Institut, das von Stephan Grünewald geleitet wird, einem der bekanntesten Psychologen Deutschlands, den Auftrag für eine Studie über NEETs. Eine repräsentative Umfrage scheiterte, weil sich nicht genügend Teilnehmer fanden, was ein Indiz dafür ist, dass Betroffene nicht nur mit der Arbeitswelt, sondern mit der Öffentlichkeit insgesamt nichts zu tun haben wollen. Das Institut musste sich daher auf Tiefeninterviews beschränken. »Auch hierfür ließen sich nur schwer Teilnehmer finden«, berichtete die *Frankfurter Allgemeine Sonntagszeitung*[29] über die Entstehung der Studie. »Nicht mal mit viel Geld waren sie zu ködern. Und diejenigen, die zusagten, tauchten oft nicht auf, sagten kurzfristig ab oder kamen zu spät.«

In den Gesprächen, zu denen letztendlich 28 Betroffene bereit waren, stellte sich heraus, dass NEETs entgegen aller Vermutungen keine soziale Randgruppe sind. Viele stammen zwar aus zerrütteten, bildungsfernen Familien. Aber NEETs kommen aus allen Gesellschaftsschichten. Die Zeitung fasste wesentliche Erkenntnisse der Untersuchung wie folgt zusammen: »Auffällig ist bei allen eine Kombination aus Hybris und mangelndem Selbstwertgefühl. Die Betroffenen fühlen sich von der Gesellschaft abgekapselt und überfordert von beruflichen Möglichkeiten. Was sie eint, ist zudem eine lähmende Trägheit, der Verlust jeglicher Alltagsstruktur, Antriebslosigkeit und pessimistische Abwehr gegen alles und jeden. Für manche ist der Besuch des Fitnessstudios das einzige strukturgebende Element im Tagesablauf. Eingliederungsprognose: sehr schwierig.«

Das Rheingold-Institut betonte: »Die ignorante Behandlung der Jugend während der Corona-Zeit trägt dazu bei, dass die Jugendlichen sich gar nicht als relevanter Teil der Gesellschaft fühlen.« Die Corona-Zeit spielte eine wesentliche Rolle für die Vermehrung der NEETs, wie Bildungsforscher vermuten, etwa Clemens Wieland von der Bertelsmann Stiftung: »Die Pandemie hat sehr vielen jungen Leuten über einen langen Zeitraum die Chance genommen, sich beruflich zu orientieren.« Seiner Einschätzung nach ist der Effekt nicht nur auf die Corona-Zeit beschränkt, sondern hielt darüber hinaus an.

Die Experten vom Rheingold-Institut machten unter den NEETs Strategien aus, die von Selbsterniedrigung über Hochmut bis zu Traumtänzereien reichten und dazu dienen, den Einstieg in das Berufsleben aufzuschieben. Manche fühlen sich als Verlierer, ihnen fehlt der Glaube an sich. Andere sind das Gegenteil, wollen gleich als Chef mit Top-Gehalt einsteigen, was es nicht gerade einfach macht, einen passenden Job zu finden. Ein Mix aus Wunschdenken und Selbstüberhöhung führt zu Utopien wie etwa dem Hirngespinst, eine eigene Pferderanch in warmen Gefilden betreiben zu wollen. Praktika? Eine Zumutung. »Da muss man Sachen machen, die mir nicht gefallen. Rumstehen und einräumen«, sagte eine Realschulabgängerin. Lehre? »Azubis müssen den ganzen Mist machen, den sonst keiner machen will.« Dann lieber gar nichts tun.

»Ich habe jede Maßnahme vom Jobcenter verweigert, und als die mir das Geld streichen wollten, habe ich mich psychisch krankschreiben lassen. Jetzt lassen die mich in Ruhe. Man darf sich nicht unterbuttern lassen.«

Die bittere Wahrheit ist: Der Widerstand gegen »den ganzen Mist«, den angeblich niemand wegräumen will, dient nur dazu, eigene Bedürfnisse als Kampf für eine gerechtere Welt zu tarnen. Hier fehlt jeder Gedanke an das Gemeinwohl. Arroganz dient oft dazu, sich (gefühlt) unantastbar zu machen. Ich ziehe den Hut vor den Mitarbeitern von Joblinge, dass sie sich auch um solche Menschen kümmern, bei denen ich aus eigener Erfahrung weiß, dass sie nur schwer oder gar nicht zu erreichen sind.

Diesen krassen Fällen von Verweigerung stehen junge Leute gegenüber, bei denen nach Erkenntnissen des Instituts »ein Antippen« reicht, damit sie die Kurve kriegen. Es handelt sich um junge Frauen und Männer, die sich auf die Eltern finanziell verlassen können und deshalb keinen Druck verspüren, eine Entscheidung zu treffen, wie es beruflich weitergehen soll – und ob überhaupt. Auch in der Studie bestätigte sich das Phänomen der »Angst vor besseren Optionen«. Die *Frankfurter Allgemeine Zeitung* zitierte in ihrem Bericht eine Mitarbeiterin von Joblinge: Jugendlichen, die das Abi gemacht haben, »stehen Hunderte Ausbildungen, Tausende Studiengänge zur Auswahl – die Multioptionalität versetzt sie in eine Schockstarre«.

Das Nachdenken darüber, wie es weitergehen könnte, zieht sich hin: ein Jahr, teils zwei und mehr Jahre dauert es, bis eine Entscheidung für einen Beruf oder ein Studium gefallen ist. Ein schlechtes Selbstwertgefühl bei einem Teil der jungen Menschen tut sein Übriges. Ein Jurastudium? »Das schaffe ich eh nicht!« Die Folge: resignatives Abwarten, Rumhängen oder Gelegenheitsjobs. Das Umfeld reagiert bisweilen mit Wut, Ärger, Belächeln, Bemitleiden. »Das alles hilft ihnen nicht«, lautete eine Schlussfolgerung der Studie.

Es bedarf keiner großen Fantasie, sich vorzustellen, dass die weltpolitische Lage, die vielen düsteren Ereignisse auf der Erde, Sorgen und Ängste jungen Menschen aufs Gemüt schlagen. Die im Mai 2023 vorgelegte Trendstudie »Jugend in Deutschland«[30] belegte, wie sehr vor allem junge Frauen und Männer die Auswirkungen der Coronapandemie nach wie vor als Belastung empfanden. 46 Prozent der knapp 1000 Teilnehmer der Umfrage litten unter Stress, Erschöpfung (35 Prozent), Selbstzweifel (33 Prozent) und Gereiztheit (24 Prozent). Die Studie verglich die Gefühlswelt der jungen Generation mit jener der mittleren und älteren. Sämtliche Werte lagen bei den 50- bis 69-Jährigen deutlich unter den Prozentzahlen der Teilnehmer zwischen 14 und 29. »Junge Menschen fühlen sich wie in einem Dauerkrisenmodus, der weiter anhält und psychische Narben hinterlässt«, erklärten die Autoren der wissenschaftlichen Arbeit, Prof. Klaus Hurrelmann und Studienleiter Simon Schnetzer.

Seit Jahren nehmen Depressionen in der jungen Generation zu. Wer nicht an eine rosige Zukunft glaubt, sieht keinen Sinn im beruflichen Schaffen und wird fragen: Wozu das Ganze?

Dieser Pessimismus war vermutlich mitverantwortlich für folgenden Negativrekord: 2021 hatten erstmals mehr als 2,5 Millionen Menschen zwischen 20 und 34 Jahren keinen Berufsabschluss.[31] Die Quote erreichte einen »historisch hohen Wert von 17 Prozent«, wie das Bundesinstitut für Berufsbildung in einem Bericht schrieb. Im Jahr davor waren es noch 2,3 Millionen Ungelernte. 2016 war die Grenze von zwei Millionen jungen Erwachsenen ohne Berufsabschluss überschritten worden – auch das ist eine bedenkliche Entwicklung für den Arbeitsmarkt und die Sozialkassen. Denn Menschen ohne fertige Ausbildung sind häufiger arbeitslos als jene mit einem Abschluss.

Zur Wahrheit gehört jedoch auch: Im langfristigen Vergleich ist die Zahl der NEETs in Deutschland rückläufig. 2009 – die Zeit der Finanzkrise – waren es noch mehr als 900.000, wie Wissenschaftler der Bertelsmann Stiftung schrieben. Nach dem Ende der Coronapandemie sank die Zahl wieder. Trotzdem: Es gibt viel zu viele NEETs in Deutschland. Die jungen Leute für den Arbeitsmarkt zu gewinnen, wäre wichtig, auch wenn die hier beschriebenen Facetten der Problematik zeigen, dass es kein Allheilmittel gibt und geben kann. Pessimismus und Zukunftsangst zu besiegen, ist Sache der gesamten Gesellschaft.

Gute Arbeit, schlechte Arbeit

In einer freien Schule fand wie jedes Jahr ein Berufsorientierungstag statt, bei dem sich viele Betriebe präsentierten. Paul war aus reiner Neugier dort. Denn er hatte sich schon entschieden: für eine Ausbildung in der Pflege. Als er das offenbarte, fingen mehrere Jungen seiner Klasse, alle 15 oder 16 Jahre alt, zu lachen an und verspotteten ihn. Stolz verkündeten sie sinngemäß: Wir studieren! Während du einen anstrengenden, trostlosen Job machen wirst.

Mit Ausnahme von Bayern, Brandenburg und Sachsen gibt es in keinem Bundesland die bindende Grundschulempfehlung mehr. Das hat zur Folge, dass Eltern selbst entscheiden können, auf welche Schule ihr Kind gehen soll – der Staat darf sich nicht reinhängen. Und Sie ahnen, was passiert: Wir haben immer mehr Abiturienten, der Run aufs Gymnasium nimmt zu. Alle wollen (oder müssen) studieren, als hingen Glück und Zufriedenheit von einem Universitätsabschluss ab. Eltern treiben ihre Kinder dazu an, das Abi abzulegen. Sie glauben, der erfolgreiche Abschluss des Gymnasiums allein sei schon ein Garant für Wohlstand.

Dabei gibt es Untersuchungen, die zeigen, dass Arbeit im Handwerk glücklich und gesund macht. Eine Umfrage der Gesellschaft für Konsumforschung für die Krankenkasse IKK classic[32] mit fast 2000 Arbeitskräften aus diversen Handwerks-, Gesundheits- und

Körperpflegeberufen offenbarte, dass Sport und Bewegung als Ausgleich zu einem meist körperlich anstrengenden Joballtag gesehen werden. »Die Studie bestätigt die Vorteile von kleinen Handwerksbetrieben, die wir auch in der Praxis erleben: Einen großen Zusammenhalt in der Belegschaft, eine familiäre Atmosphäre, den Stolz auf den Beruf und die Freude am ›Machen‹. All das sind Ressourcen, die sich positiv auf die Gesundheit, die Arbeits- und Lebenszufriedenheit auswirken«, hob Kai Swoboda als stellvertretender Vorstandsvorsitzender der IKK classic hervor.

Handwerker will trotzdem kaum jemand werden. Noch schlimmer: Auf die, die es sind, wird gerne heruntergeschaut, obwohl sich jeder freut, wenn der Klempner schnell kommt oder der Glaser das zerborstene Fenster nicht erst in drei Monaten repariert. Aussagen mit hohem Fremdschämfaktor führen bei mir zu Sorgenfalten. Hier einige Beispiele aus eigenem Erleben. Ein Schulabgänger mit dem Abi in der Tasche verkündete: »Ich möchte ja nicht arrogant klingen, doch ins Handwerk zu gehen, ist vergeudetes Talent.« Vorher zu erklären, nicht überheblich rüberkommen zu wollen, genau das aber zu sein, spricht nicht unbedingt für ein hohes Maß an Reflexion.

Der Chef eines Handwerksbetriebes musste sich von einem Schüler anhören: »Sie können ja nicht besonders klug sein, sonst wären Sie nicht ins Handwerk gegangen.«

Ohne Worte.

Erst das Vergnügen und dann die Arbeit

Wie schon ausgeführt, bin ich vorsichtig mit dem Vorwurf der Faulheit gegenüber einer ganzen Generation. Aber ich kenne Manager, die da weniger Skrupel haben. Ein Unternehmenschef sagte mir einmal: »›Work-Life-Balance‹ ist das neue Wort für Faulheit.« Das lasse ich hier einfach mal unkommentiert stehen, urteilen Sie bitte selbst.

Die Realität ist ohnehin bereits ein Stück weiter. Nicht auf die Balance, also den genügenden Ausgleich zwischen Arbeit und Freizeit kommt es jungen Leuten an, sondern auf die strikte Trennung von beruflichem und restlichem Leben. Schon in der Shell-Jugendstudie von 2019 hieß es: »Die Betonung des Lebensgenusses unterstreicht die Bedeutung, die Jugendliche der eigenen Teilhabe beimessen. Das Hier und Jetzt in Verbindung mit dem Bedürfnis, an den diversen Angeboten, die die Gesellschaft zu bieten hat, persönlich zu partizipieren, ist für die große Mehrheit der Jugendlichen ebenfalls maßgeblich. Familie und Gemeinschaft sowie ein eher hedonistisches Streben nach Vergnügen und Genuss schließen sich dabei nicht aus, sondern bedingen sich sogar. Das Leben in vollen Zügen genießen zu wollen, bedeutet für viele junge Menschen deshalb auch, dass man grundsätzlich weder Beruf noch Freizeit entgrenzt sehen möchte.«

Um es mit einem alten Sprichwort zu sagen: Dienst ist Dienst und Schnaps ist Schnaps.

Dieses Lebensmodell sieht vor, dass man im Feierabend, im Urlaub und am Wochenende nicht an die Arbeit denkt, geschweige denn für den Job etwas tut. Während es für viele Menschen der älteren Generationen normal ist, auch nach Feierabend oder an Wochenenden – zumindest im Notfall – via Handy oder Mail erreichbar zu sein, ist genau das für Protagonisten der Generation Z ein No-Go. Sie grenzen sich bewusst davon ab, gerade weil die Digitalisierung es Mitarbeitern leichter denn je macht, Arbeit mit nach Hause zu nehmen und erreichbar zu sein. Nach Berechnungen des Instituts der deutschen Wirtschaft von 2020[33] sind 14,8 Millionen Menschen in Deutschland in Büros beschäftigt, das sind knapp 37 Prozent der Erwerbstätigen insgesamt. Es ist logisch, dass diese Entwicklung zu einer stärkeren Vermischung von Arbeit und Freizeit führte: Denn jeder hat daheim ein Laptop oder einen Computer. Und sehr viele Menschen der älteren Generationen sind halt bereit, selbst nachts auf eine Mail zu antworten – oder auch mehr zu tun. Führungskräfte stammen in der Regel selbst aus den älteren Generationen, für die es normal ist, noch um Mitternacht am Rechner zu sitzen und etwas für den Job zu erledigen.

Die Generation Z schleudert diesem Modell ein unüberhörbares NEIN entgegen. Tipps von einschlägig bekannten Influencern lauten so: Lösche sämtliche Arbeits-Apps von deinem privaten Handy, also E-Mails, Teams, Slack etc. Diese Apps sind keine sozialen Medien und du solltest ihnen in deiner Freizeit keine Beachtung schenken. Fange pünktlich an und mache keine Überstunden. Wer nicht zum Management gehört und keine Firmenanteile besitzt, ist nicht verpflichtet, up to date zu sein, was das Unternehmen betrifft; – so die Botschaft aus den sozialen Medien.

Doch was passiert, wenn niemand mehr bereit ist, Überstunden zu machen? Hilft uns eine strikte Haltung bei vollen Auftragsbüchern? Leiden nicht dann die darunter, die pflichtbewusst Deadlines einhalten und länger bleiben? Wo bleibt der Teamgedanke neben der aufs Ich bezogenen Abgrenzungsstrategie? Dabei sage ich nicht, dass Überstunden das Allheilmittel gegen den Personalmangel sein sollten – das geht arbeitsrechtlich auch gar nicht, weil Unternehmen eine umfassende Fürsorgepflicht für ihre Beschäftigen haben. Aber Überstunden aus Prinzip abzulehnen, ist auch der falsche Weg.

Eine Kundin, Abteilungsleiterin einer mittelständischen Firma, erzählte mir von einer jungen Mitarbeiterin, die mit Ach und Krach zu Überstunden vor einer Messe zu bewegen war. »Eine Woche lang zog sie ein Gesicht, bis sie mit der Sprache herausrückte: Das war ihr zu viel. Sie kündigte an, nie wieder Überstunden zu machen, da ihr alles viel zu anstrengend sei. Ich solle es doch allein machen, wenn ich so geil auf Arbeit wäre. Und weißt du«, fragte mich meine Kundin, »wie sie das begründet hat? Sie verdiene ja schließlich deutlich weniger als ich. Was sollte ich dazu sagen? Dass ich auch schon 20 Jahre im Unternehmen und Führungskraft bin? Dann riskiere ich die nächste Antwort, über die ich mich ärgere.«

Sie sehen: Frustration und Unverständnis auf beiden Seiten.

Innere Kündigungen und nur das Nötigste tun

Auf der Social-Media-Plattform TikTok sind viele junge Menschen unterwegs; oder sagen wir besser: zu Hause. Dort gibt es in jüngerer Zeit einen internationalen Trend. Insbesondere junge Leute wehren sich mit Kurzvideos gegen Arbeitsbedingungen, die sie als ausbeuterisch empfinden und die es vielleicht auch sind. Wie ich bei *Business Insider* las, hat der amerikanische Hersteller von Projektmanagement-Software Workamajig die beliebtesten TikTok-Trends zum Thema Arbeit anhand der Anzahl der Klicks bis zum Mai 2023 ermittelt. Rang 1 belegte »Quiet Quitting« mit 762,3 Millionen Aufrufen, gefolgt von »Act your Wage« mit 451,1 Millionen.

Der erste Begriff bedeutet so viel wie »innere Kündigung«. Gemeint ist: Dienst nach Vorschrift. Man hält sich bei der Arbeit zurück und tut nur das, was von einem erwartet wird. Oder weniger. Es geht nicht darum, etwas im Job zu erreichen, sondern den Aufwand zu reduzieren. »Act your Wage« heißt: Handel nach deinem Lohn. Man soll also nur genau das im Job erledigen, was nach eigenem Gefühl dem Gehalt entspricht. Also Subjektivität ist der Maßstab und kein messbares Kriterium – auch das ist typisch für die Anmaßung der Generation Z. Aus deren Sicht heißt das konkret: Keine Überstunden und keine Termine außerhalb der vertraglich geregelten Arbeitszeit; wir leisten nur das, wofür wir bezahlt werden. Und das Quantum bestimmen wir selbst.

Woher kommt dieser Trend? Er dient der Prävention, um nicht auszubrennen und psychisch krank zu werden. Vor allem ist er aber zu verstehen als – sehr wohl nachvollziehbare – Reaktion auf die

Praxis von Unternehmen, Menschen umsonst oder bei unangemessener Bezahlung rackern zu lassen. Und junge Leute rächen nun ihre Vorfahren der Generation Praktikum, die von Arbeitgebern mies behandelt und ausgesaugt worden sind.

Wer sich vor Augen führt, dass eine ganze Generation dazu neigt, lediglich Dienst nach Vorschrift zu machen, versteht, warum die Loyalität zu Unternehmen nicht besonders groß ist. Der Engagement-Index von Gallup, eines der führenden Markt- und Meinungsforschungsinstitute der USA, das auch in der Bundesrepublik aktiv ist, untersucht jährlich die emotionale Bindung von Mitarbeitern an ihr Unternehmen sowie das Ausmaß innerer Kündigungen. Das Ergebnis für 2022[34]: Nur 13 Prozent der Beschäftigten in Deutschland fühlten sich gedanklich stark mit ihrer Firma verwoben – ein Rückgang von vier Prozentpunkten im Vergleich zu 2021. Die emotionale Bindung war damit auf dem niedrigsten Stand seit zehn Jahren.

Das betrifft natürlich nicht nur die Generation Z. Enttäuschung über den Zustand der Welt ist bei Älteren ebenfalls weitverbreitet, was Unternehmen zu spüren bekommen. Irgendjemand muss den Frust ja abkriegen.

Es liegt nahe, dass sinkende Loyalität zum Arbeitgeber die berufliche Motivation schwinden lässt. Das Engagement im Beruf sank laut der Gallup-Umfrage bei Leuten unter 35 von 40 Prozent in 2020 auf 33 Prozent im Jahr 2022. Bei den älteren fiel der Wert im gleichen Zeitraum von 35 auf 32 Prozent. Experten warnen vor psychischen Folgen durch den inneren Rückzug aus der Arbeit. Ich kann es mir gut vorstellen, dass es aufs Gemüt schlägt, wenn man den ganzen Tag nur das absolut Notwendige oder noch weniger tut, ständig auf die Uhr schaut und hofft, dass es bald vorbei ist. Ich halte es für plausibel, dass dadurch eine innere Leere entsteht, und der Zorn, der daraus erwächst, wiederum beim Unternehmen landet. Klingt nach einem Teufelskreis.

Die Frage ist: Welche Kosten entstehen der Wirtschaft und der Allgemeinheit, wenn sich mehr und mehr Menschen nicht genug engagieren und/oder sich emotional nicht mit ihrem Unternehmen verbunden fühlen? Egal, ob wir es Quiet Quitting oder Dienst nach Vorschrift nennen: Nach Berechnungen von Gallup sind es bis zu 151,1 Milliarden Euro, die die deutsche Wirtschaft pro Jahr als Folge dieser Trends an Produktivitätsverlusten hinnehmen muss. Ein horrender Betrag, der sich verringern lässt, wenn die Gesellschaft es schafft, dass mehr Menschen wieder Freude im Job empfinden.

Vier Tage sind nun wirklich genug

Der neueste Schrei ist die Viertagewoche – möglichst bei vollem Lohnausgleich. Das Argument, dass die Maßnahme unseren Wohlstand in Gefahr bringe, lässt die Generation Z nicht gelten. Ich erinnere mich an ein Bewerbungsgespräch, in dem eine 26-jährige Single-Frau, die lediglich vier Tage arbeiten wollte, verkündete: »Ich brauche keinen Wohlstand.« Eine Führungskraft des Unternehmens entgegnete: »Wenn Sie weniger arbeiten, riskieren Sie den Wohlstand, von dem wir alle gut leben.« Aus der Reaktion der Bewerberin war deutlich zu erkennen, dass sie sich bisher keine Gedanken darüber gemacht hatte. Oder doch, aber die Konsequenz ihrer Einstellung für die Allgemeinheit war ihr egal.

Ich kenne diverse Firmen, in denen junge Bewerber gleich im Einstellungsgespräch sagten, dass sie nur vier oder sogar nur drei Tage arbeiten wollten. Ich frage mich angesichts von Inflation und steigenden Mieten: Wie schaffen es diese Leute, ihren Lebensunterhalt zu finanzieren? Oder gibt es mit dem Hotel Mama ein Back-up?

Auch bei der Sicht auf die Viertagewoche[35] muss man differenzieren. Es werden verschiedene Varianten diskutiert. In einer davon wird die Arbeit in den verbleibenden vier Tagen erledigt, die

Stundenzahl erhöht sich entsprechend an diesen Tagen; dabei handelt es sich um Arbeitszeitverdichtung. In einer anderen Variante fallen mit dem fünften Arbeitstag auch die Arbeitsstunden weg – entweder unter Lohnkürzungen oder bei vollem Lohnausgleich, wobei sich Letzteres ein Unternehmen erst einmal leisten können muss. Daneben gibt es noch Mischformen.

In der *Tagesschau* sah ich einen Bericht über einen Friseursalon in Bad Neuenahr-Ahrweiler, der auf vier Tage die Woche umgestellt hatte. Die Angestellten arbeiteten zwei Stunden mehr pro Tag. Der Inhaber wollte eigentlich nur Strom sparen, wie es hieß. Das habe nicht geklappt. Jedoch: »Meine Mitarbeiter sind deutlich zufriedener, die Kreativität, meine eigene und die meines Teams, hat sich gesteigert«, sagte er. »Und natürlich ist es für mich als Unternehmer auch schön, einen Tag mehr mit der Familie zu verbringen.« Und eine junge Angestellte berichtete: »Ich habe mehr Zeit zum Relaxen und zum Ausschlafen. Und ich kann mir bequem Arzttermine und andere wichtige Termine auf die freien Wochentage legen und muss das nicht abends nach der Arbeit machen.«

Ich kann mir gut vorstellen, dass das Modell attraktiv ist, dass alle etwas davon haben, sogar die Kunden, die die längeren Öffnungszeiten an den vier Tagen vielleicht gutheißen. Aus meiner Sicht entscheidend ist, dass sich bei dieser Variante die Kosten für das Unternehmen nicht erhöhen. Und auf wie viele Unternehmen ist das Modell übertragbar? Ein Industrieunternehmen ist nun mal kein Handwerksbetrieb. Eine gesetzliche Pflicht für Betriebe, die Viertagewoche anbieten zu müssen, wäre eine Katastrophe. Unternehmen müssen sich der Auftragslage anpassen können. Sind die Auftragsbücher voll, gibt es mehr Arbeit, in Phasen geringer Konjunktur oder einer Rezession ist es automatisch andersherum.

Sobald die Debatte geführt wird in der Hoffnung, dass die einen mehr Freizeit haben und die anderen, die arbeitslos sind, in Jobs kommen, fasse ich mir an den Kopf. Unser Problem ist ein Arbeitskräftemangel in allen Bereichen, bekanntlich fehlen vor allem Fachleute. Das Ansinnen, mit der Viertagewoche mehrere Fliegen mit einer Klappe zu schlagen, ist unrealistisch.

»Wenn unsere erste Priorität ist, bei vollem Lohnausgleich weniger zu arbeiten, gewinnen wir international kein Spiel mehr«, sagte Mercedes-Chef Ola Källenius in einem im April 2023 erschienenen Interview mit *Bild am Sonntag*. Er weiß, wovon er redet. Die Transformation zur E-Mobilität hat sich zu einem international harten Wettkampf unter Autokonzernen entwickelt. Chinesische Hersteller sind dabei, Europa zu erobern – zum Nachteil deutscher Firmen. »Während in China eine extrem hohe Wettbewerbsintensität herrscht und hier in den Medien nahezu täglich der Fachkräftemangel thematisiert wird, diskutieren wir gleichzeitig über die Viertagewoche«, wunderte sich Källenius völlig zu Recht.

Und trotzdem höre ich immer öfters: »Wir finden einfach keine jungen Leute, daher wollen wir die Viertagewoche versuchen, in der Hoffnung, dass wir so Arbeitskräfte gewinnen.« Tatsächlich wird zunehmend auch in Stellenanzeigen die Viertagewoche angeboten – übrigens auch oder gerade in denen von Bau- und Handwerksunternehmen. Die konkurrieren schon jetzt mit einer Erscheinung, die der Volkswirtschaft enormen Schaden verursacht: der Schwarzarbeit. Je teurer der Handwerker, desto attraktiver wird es, sein Geschäft illegal erledigen zu lassen. Die Viertagewoche aber wird weniger produktiv sein, der Bau eines Hauses dauert dann länger, von der Sanierung von Brücken und Straßen ganz zu schweigen. Das will ich sehen, wenn in Baustellenbereichen auf den Autobahnen drei Tage lang nichts passiert, dafür aber an vier Tagen jeweils länger gearbeitet wird. Die Autonation Deutschland stünde Kopf!

Mehr als drei Viertel, nämlich 76 Prozent, aller Berufstätigen in Deutschland können der Viertagewoche etwas abgewinnen. Allerdings – so ergab eine Umfrage für die HDI-Versicherung[36] – ist die Bereitschaft zu gleichzeitigen Lohneinbußen gering. Beschäftigte unter 40 Jahren sind zu 83 Prozent an der um einen Tag verkürzten Arbeitswoche interessiert – 17 Prozent würden dafür auch weniger Geld für ihr Schaffen akzeptieren. Bei Berufstätigen ab 40 Jahren ist das Interesse hingegen mit 71 Prozent geringer – und weitaus weniger würden hierfür Abstriche beim Einkommen in Kauf nehmen: 11 Prozent.

Einer Erhebung der Hans-Böckler-Stiftung[37] zufolge wollen mit 81 Prozent die allermeisten Menschen in Deutschland die Viertagewoche mit weniger Arbeitszeit. Knapp 73 Prozent sind dafür, wenn ihr Lohn gleich hoch bleibt. Die Werte sind überzeugend – jedenfalls auf den ersten Blick. Wie würden Sie auf die Frage antworten: Wollen Sie weniger arbeiten, ohne Einnahmen zu verlieren? Wer sagt hier, bitte, nein?!

Vier Tage im Job zu sein und fünf bezahlt zu bekommen, wäre eine Gehaltserhöhung von 25 Prozent. Klingt das gut für Sie? Die Frage ist: Wie schaffen wir es dann, die Produktivität auf gleich hohem Niveau zu halten? Hier fängt es an zu haken. Volkswirtschaftlich betrachtet, ist es utopisch, daran zu glauben, eine um 20 Prozent verkürzte Arbeitszeit durch die Steigerung der Produktion oder des Leistungsvermögens eines Dienstleisters ausgleichen zu wollen. Schon der Versuch wäre grobe Fahrlässigkeit, weil er den Wirtschaftsstandort Deutschland hart treffen würde. Weniger Arbeitsstunden führen zu weniger Konsum und damit zu weniger Einnahmen für die Staats- und Sozialkassen – am Ende haben wir weniger Geld zum Verteilen. Das trifft Kitas, Krankenhäuser, Schulen und viele andere Einrichtungen aller Art. Der Domino-Effekt nimmt seinen Lauf.

Natürlich kann ich das Ansinnen verstehen, weniger zu schaffen und trotzdem kein Geld zu verlieren, doch sind wir nicht bei »Wünsch dir was«, sondern in Deutschland, einem Wirtschaftsstandort, dem Hunderttausende Fachkräfte fehlen. Das müssen wir uns immer wieder vor Augen führen. Es bedarf Menschen, die nicht weniger arbeiten, sondern die anpacken wollen und Freude daran haben. Gerade junge Menschen sind voller Kraft und Energie – und mir leuchtet nicht ein, warum man sein Berufsleben mit der Viertagewoche starten sollte. Der Konflikt zwischen den Unternehmen, die sich die verkürzte Arbeitswoche weder finanziell noch von der Auftragslage her leisten können, und jungen Leuten, die weniger Zeit im Job verbringen wollen, ist damit vorprogrammiert. Übrigens gibt es das Modell der Arbeitsreduzierung ohne Lohnausgleich seit Ewigkeiten. Man nennt es: Teilzeit. Jeder Bewohner Deutschlands hat einen gesetzlichen Anspruch darauf.

Wie verwöhnt Bundesbürger inzwischen sind, zeigt auch ein Blick auf den Rest der Welt. Sie verbringen weniger Zeit im Job als Einwohner vieler anderer Staaten. Nach Berechnungen der Organisation für wirtschaftliche Zusammenarbeit und Entwicklung, der 38 Länder angehören, haben die Deutschen 2020 am wenigsten gerackert: nämlich 1332 Stunden. Der EU-Durchschnitt lag demnach bei 1513. Spitzenreiter in der Europäischen Union ist Malta: 2020 arbeiteten die Menschen dort 1827 Stunden. Aber auch das ist weniger als die Zeit, die Mexikaner mit Arbeit verbringen: 2124 Stunden. Noch höher liegt der Wert in Kolumbien für das Jahr 2019: 2172 Stunden. Länder in Südamerika kämpfen seit Ewigkeiten für die 40-Stunden-Woche bei vollem Lohnausgleich.

Die OECD[38] versieht ihre Statistik mit einem »Warnhinweis«, der wie folgt lautet: »Die Daten sind für Vergleiche von Trends im Zeitverlauf gedacht; aufgrund unterschiedlicher Quellen und Berechnungsmethoden eignen sie sich nicht für Vergleiche der durchschnittlich geleisteten Jahresarbeitsstunden für ein bestimmtes Jahr.«

Sichtbar wird das, wenn man die Angaben von Statista zu den 27 Staaten der Europäischen Union zur Wochenarbeitszeit von Vollzeitbeschäftigten für 2022 vergleicht: Die Finnen verbringen 38,7 Stunden im Job – der tiefste Wert in der EU. Laut der OECD-

Berechnung zu den Jahresarbeitsstunden sind die Finnen aber knapp über dem Durchschnitt, den die Organisation für die EU insgesamt ermittelt hat. Laut Statista arbeiten die Griechen in der EU am meisten: 42,8 Stunden die Woche. Deutschland liegt hier mit 40,4 knapp unter dem EU-Durchschnitt von 40,5. Malta, das die OECD zum Vielarbeiterstaat macht, kommt Statista zufolge auf 40,9 Stunden.

Fakt aber ist: Die Deutschen liegen hier wie da mehr oder weniger drastisch unter dem Durchschnitt. Und vergleicht man allein die OECD-Statistiken über viele Jahre hinweg, fällt auf: In der Bundesrepublik wird immer weniger gearbeitet – Trend anhaltend. Erst in jüngerer Vergangenheit rutschten wir an die letzte Stelle der 38 OECD-Staaten, Dänemark und die Niederlande haben uns überholt, was bedeutet, dass dort mehr geschuftet wird als bei uns.

Ich musste laut auflachen, als ich ein Interview mit dem früheren Bundesminister Wolfgang Schäuble in der *Welt am Sonntag* las, der die Entwicklung in der für ihn typischen schelmischen Art so beschrieb: »Ich habe noch die 48-Stunden-Woche erlebt. Keine Angst, da will ich nicht hin zurück. Aber heute gilt es schon als Menschenrechtsvergehen, wenn man bei der 38-Stunden-Woche bleiben möchte.«[39] Auch hierbei stimme ich ihm zu: »Wollen wir unseren Wohlstand halten und damit letztlich auch die Stabilität und Verteidigungsfähigkeit des Landes, dann gehört auch dazu, auf diesen Missstand hinzuweisen und ihn zu beseitigen.«

Eine Gefahr für den Wirtschaftsstandort lauert auch bei den Arbeitskosten, die hierzulande enorm hoch sind. Sie ergeben sich im Wesentlichen aus den Lohnkosten und den Sozialabgaben, die ein Unternehmen für einen Mitarbeiter zahlen muss. Enthalten können sie auch Ausgaben für betriebliche Altersvorsorge und Abfindungen. Nach Berechnungen des Kölner Instituts für Wirtschaft liegen die Kosten in der Industrie der Bundesrepublik 24 Prozent über dem Durchschnitt anderer EU-Staaten sowie Großbritannien,

USA, Japan und einiger anderer Länder mit starker Ökonomie. Die Viertagewoche würde den schon jetzt signifikanten Nachteil für den Standort Deutschland nochmals drastisch verschärfen. Selbst wenn der Verlust beim Lohn durch Streichung eines Arbeitstages »nur« zur Hälfte ausgeglichen werden würde, würde Deutschland nach Einschätzung der Wissenschaftler der teuerste Industriestandort der EU werden.

Die Debatte muss in umgekehrter Richtung laufen: Wir müssen länger arbeiten, wenn wir den enormen Fachkräftemangel beheben und unseren Wohlstand sichern wollen. Denn Hand aufs Herz: Dass die Lücke nur über Einwanderung geschlossen wird, hat sich bisher als Träumerei entpuppt. An Migration fehlt es wahrlich nicht – an Arbeitskräften schon.

Mein Vorschlag ist, nicht weniger zu arbeiten, sondern im Beruf wieder mehr Erfüllung zu suchen – und zu finden. Auf Motivationsfaktoren im Arbeitsleben werde ich weiter hinten eingehen. Nur so viel schon hier: Jeder ist aufgerufen zu prüfen, was seine persönlichen Möglichkeiten sind und was ihm wirklich entspricht. In meinen Coachings nutze ich oft folgende Metapher als Frage: »Steht Ihre Karriereleiter an der richtigen Wand?« Wenn ja, sind Menschen motivierter und zufriedener. Doch das bedeutet auch, sich mit seinen Vorlieben, Stärken und Schwächen intensiv und selbstkritisch auseinanderzusetzen – und vor allem auch, überhaupt nach oben zu wollen. Doch wie schaut es damit aus in einer verwöhnten Generation, die Karriere als kapitalistisches Teufelszeug betrachtet, die Selbstkritik eher nur vom Hörensagen kennt, sich kollektiv überschätzt, aber trotzdem von Arbeitgebern umgarnt und der von früh an vermittelt worden ist: »Ihr seid toll, wie ihr seid!«?

DIE PRIVILEGIERTEN – WIR FORDERN, WEIL WIR ES KÖNNEN!

Haben Sie auch schon mal die Nase gerümpft, wenn ein Profifußballer für zig Millionen von einem Verein »gekauft« worden ist? Warum können Sportler solch horrende Summen fordern? Weil sie besondere Fähigkeiten beim Verhindern, Vorbereiten und Schießen von Toren haben, die andere nicht besitzen. Sie sind absolut seltene Exemplare, nur einige wenige von sehr, sehr vielen. Der Prozentsatz der Jungs und Jugendlichen, die davon träumen und es am Ende tatsächlich in den professionellen Fußball schaffen, ist verschwindend gering. Denn die Anforderungen sind enorm, das Auswahlverfahren hart, die Auslese brutal. Nur die Topleute kriegen einen Vertrag in Teams der besten Profiligen und verdienen traumhaft hohe Gehälter. Was zählt, ist allein: Top-Leistung. Danach richtet sich der Marktwert. Und für den muss man jeden Tag trainieren, trainieren, trainieren. Es reicht nicht aus, wenn Eltern immer wieder sagen: »Du bist klasse, du kommst ganz groß raus. Denn du bist etwas ganz Besonderes.«

Behütete Kinder der Generation Z, die Prinzessinnen und Prinzen von Mama und Papa, hören so etwas Tag für Tag. In allen Bereichen. Ob Schule, Sport oder sonstige Freizeit. Immerzu heißt es: »Du bist klasse, du kommst ganz groß raus. Denn du bist etwas ganz Besonderes.« Dann lesen die Kinder und Jugendlichen in den Medien, wie wichtig sie für die Zukunft des Landes sind. Das sieht nach guten Perspektiven aus, macht selbstbewusst und vermittelt das Gefühl, zu den Privilegierten zu gehören, für die der Aufstieg in die Top-Ligen der Gesellschaft geebnet und reine Formsache ist. Und in der Tat: Unternehmen, die dringend Arbeitskräfte suchen, breiten die Arme aus und erklären: »Du bist klasse, du kommst ganz groß raus. Denn du bist etwas ganz Besonderes.« Das Ding ist: Es stimmt – und auch wieder nicht. Die Besonderheit ergibt sich, anders als bei Fußballprofis, nicht (immer) aus sensationellen Leistungen und Können auf Top-Niveau, sondern allein durch ihre Existenz: Vertreter der Generation Z sind nicht so selten wie die besten Fußballspieler der Welt, aber immer noch ein knappes Gut. Daraus speist sich ihr hoher Marktwert. Und der steigt in den westlichen Ländern, je stärker sich der demografische Wandel auswirkt.

Junge Leute wissen das genau, sie kennen ihren Marktwert und lassen es Unternehmen spüren. Bewerben sich viele Leute um einen Job, haben Arbeitgeber eine günstige Verhandlungsposition. Doch seit einigen Jahren erleben Firmen die umgekehrte Situation. Auf Stellenausschreibungen melden sich – wenn überhaupt – wenige Bewerber. Und bei denen handelt es sich um Kontrahenten mit Selbstbewusstsein und Macht, die es beim Feilschen um gute Verträge leicht haben. Sie können nämlich jederzeit »nein« sagen und zum nächsten Unternehmen gehen, das ebenfalls dringend Leute sucht. Wer Macht hat, ist in privilegierter Stellung. Und Privilegierte sind keine Diener. Ein Azubi eines Autokonzerns sagte einer Führungskraft rundheraus: »Reifen aufziehen ist eine Erniedrigung. Warum soll ich das tun?« Offenbar glaubte der junge Mann, dass all die Autos vollautomatisch entstehen würden und er zuschauend sein Geld verdiene. Aber glauben ist nicht wissen!

Dabei ist die Generation Z aufgewachsen mit einem historisch beispiellosen Zugang zu Bildung über Onlinemedien und -kurse oder simpler: Google-Suche. Im Internet kann man alles lesen, auch wie ein Auto hergestellt wird. Informationen über Gott und die Welt gibt es kostenlos, geografische Barrieren existieren nicht. Was die Babyboomer und die X-ler erst lernen mussten, ist der Generation Z in die Wiege gelegt, sie wächst digital auf und nutzt moderne Technologien intuitiv. Auch dieser Wissensvorsprung schafft Privilegien. Mindestens fließend bis perfekt Englisch zu sprechen, ist unter Studienabsolventen heutzutage normal. Berufs- und Karrieremöglichkeiten haben sich vergrößert.

Angehörige meiner Generation fuhren nach dem Studium in München oder Hamburg Taxi, um nicht arbeitslos zu sein, befanden sich inmitten der »Lehrerschwemme« – ja, solche Zeiten hatten wir auch in Deutschland – und waren froh, wenn sie überhaupt zum Bewerbungsgespräch eingeladen wurden. Das ging ans Selbstwertgefühl. Die sicherheitsliebende Generation Z plagt die Qual der Wahl und die Angst vor dem finanziellen Nieder- oder gleich dem Weltuntergang. Einen Job zu finden, ist so leicht wie die Antwort auf die erste Frage bei *Wer wird Millionär?*. Genommen wird jeder, der arbeiten will. Das Überleben der Besten – frei nach Charles Darwins Evolutionstheorie vom »Survival of the Fittest« – als Kriterium der Auslese funktioniert mangels Angebot nicht mehr. Ihrer Machtposition ist sich die Generation Z sehr wohl bewusst. Eines ihrer bekanntesten Sprachrohre formulierte es so: »Stell dich auf die Generation Z ein oder stell dein Unternehmen ein.« Ein Z-ler beschrieb seinen Vorteil in einer Reaktion auf meinen *Handelsblatt*-Gastbeitrag so: »Ihr braucht uns, und wir fordern, was wir wollen! Wir nutzen das gnadenlos aus!«

Vor allem die Unterscheidung in »ihr« und »wir« hat mich stutzig gemacht und, um ehrlich zu sein, auch verärgert und mir Sorge bereitet. Denn durch die Wortwahl kommt eine – zumindest gefühlte – Spaltung zum Ausdruck, als wäre unsere Gesellschaft in »ihr« und »wir« geteilt, als zögen Jung und Alt nicht (mehr) grundsätzlich an einem Strang. Aufgegeben – zumindest gedanklich – wird damit eine wichtige Säule der sozialen Marktwirtschaft, die seit

Gründung der Bundesrepublik im Jahre 1949 den Sozialstaat garantiert. Selbst wenn man sich auf den in der Generation Z populären Gedanken einlässt, auf Wachstum zu verzichten, bleibt es dabei: Im Wirtschaftsleben einer hochkomplexen Industrienation wie der unsrigen braucht jeder jeden, da kann es kein »ihr« und »wir« geben, sondern nur ein Miteinander aller Generationen, um Wohlstand zu sichern. Wie passt der Kommentar mit den Umfragen zusammen, die besagen, dass junge Leute die »Bekämpfung von Ungleichheit« für eine wichtige Herausforderung der Menschheit halten und zugleich eine Spaltung zwischen Jung und Alt herbeidenken? Mir ist das ein Rätsel. Durch eine Teilung in »ihr« und »wir« wird es jedenfalls nicht gelingen, die Welt besser zu machen. Das führt nur zu Streit.

ERSTENS. ZWEITENS. DRITTENS. VIERTENS. FÜNFTENS …

Macht bedeutet Verhandlungsstärke. Junge Bewerber treten – dagegen ist nichts einzuwenden – selbstbewusst bis – das stört schon eher – arrogant auf. Sie stellen Forderungen, dass es Führungskräfte und auch Personaler nahezu umhaut, die seit Jahrzehnten in HR-Abteilungen sind. Schon im Bewerbungsschreiben betonen junge Leute, was sie wollen und was nicht. In Vorstellungsgesprächen zählen sie eine Forderung nach der anderen auf: Erstens. Zweitens. Drittens. Viertens. Fünftens ... Ein erfahrener Personaler brachte seine Erlebnisse so auf den Punkt: »Die allermeisten Sätze von Leuten der Z-Generation beginnen mit ›Ich will‹ oder enden mit ›nicht mit mir‹.«

Unternehmen bleibt nichts anderes übrig, als sich in der Eigenwerbung und ihren Angeboten zu überbieten: Komm zu uns, hier kriegst du, was du willst! Dieser und jener Benefit wird versprochen, fast wie auf einer Auktion, nicht wissend, dass die Firmen das langfristig kaum weiterbringen wird. Schon bald wird noch mehr gefordert. »Welches Sahnestückchen nehme ich bloß?« So fragte eine Vertreterin der Gen Z in einer Podcast-Diskussion mit mir. Viele Unternehmen veranstalten oder präsentieren sich auf Orientierungsmessen, da Ausbildungsplätze besetzt werden wollen. Schulabgänger laufen hoch erhobenen Hauptes durch die Hallen mit anspruchsvoller Attitüde: Wer hat die bessere Offerte? Der Überbietungswettbewerb offenbart das generelle Problem. Eine Führungskraft zeigte sich frustriert: »Es bringt nichts, noch auf die siebte Messe zu gehen und Laptops, Fahrtkosten oder was auch immer anzubieten. Es ist sinnlos, Leute einzustellen, die eigentlich nicht wollen, sondern nur kommen, weil wir das beste Angebot gemacht haben.«

Die Vorstellungen und Forderungen umfassen alles, was in diesem Buch zur Sprache kommt. Sie orientieren sich selten an den Erfordernissen des Unternehmens, sondern am Privatleben der Bewerber. Die Firma hat ihre Ziele seinen Bedürfnissen unterzuordnen. Legendär sind bereits Berichte aus Personalabteilungen über junge Erwachsene, die angeben, an Montagen möglichst nicht arbeiten zu wollen, weil das Wochenende hinter ihnen liegt, aber auch nicht an Freitagen, da das nächste Weekend ansteht. Die Chance auf oder Zusicherung für ein Sabbatical ist ebenso ein Muss.

Trotz der Egomanie und der Widersprüchlichkeiten hat es die Generation Z geschafft, als »wertebewusst« zu gelten. Das beruht darauf, dass Unternehmen, für die junge Menschen arbeiten (wollen), deren Vorstellungen von einer besseren Welt entsprechen müssen, egal, wie sinnvoll und umsetzbar sie für eine Firma sind – ich komme noch darauf zu sprechen. Das verdeutlicht eine Untersuchung der Wiener Fachhochschule für Kommunikation und Management sowie der Jobplattform Hokify[40] von 132 Bewerbungen sowie des Verhaltens der österreichischen Generation Z bei der Suche nach einem Arbeitsplatz. Ergebnis: 85 Prozent der Beteiligten würden sich nicht bewerben, wenn die Unternehmenskultur nicht zum eigenen Wertekanon passt. Kandidaten für ausgeschriebene Stellen »erwarten sich eine aufgeschlossene und wertschätzende Unternehmenskultur, flache Hierarchien und gute Beziehungen zu den Vorgesetzten. Das gilt für Lehrlinge, Facharbeiter genauso wie für Uni-Absolventen.«

Verstehen Sie mich nicht falsch: Selbstverständlich sind nicht alle Forderungen der Generation Z überzogen. Umwelt- und Klimaschutz sind richtig. Wertschätzung wollen andere Generationen auch. Ein fairer, freundlicher und respektvoller Umgang im Job kommt allen zugute. Lob und Anerkennung motivieren. Bisher war es aber stets so: Fordern konnte man erst nach einem Realitätscheck und untermauert durch eine gesunde Selbsteinschätzung samt ehrlichen Antworten auf die Fragen: Was kann ich? Wo stehe ich? Was habe ich bisher getan? Bin ich besser als die anderen?

Die Generation Z zeigt jedoch, dass sie sich schwertut mit der Realität und dem Leben der anderen, es zählt vorrangig das eigene. Bezeichnend ist: 60 Prozent der jungen Erwachsenen erwarten eine Rückmeldung binnen drei Tagen nach dem Einreichen ihrer Bewerbung, wie Hokify[41] ermittelte. »Eine Generation, die es gewöhnt ist, immer und überall erreichbar zu sein, erwartet sich eine schnelle und transparente Kommunikation von Unternehmen.« Entschleunigung ist prima, aber im eigenen Interesse wird Rasanz verlangt.

Und den Unternehmen bleibt nichts weiter übrig, als sich darauf einzustellen. Sie müssen spuren und den Vorstellungen des Bewerbers entsprechen. Während Anstrengung und Leistung nicht gerade die Lieblingswörter der Generation Z sind, hat sich der Arbeitgeber sehr wohl anzustrengen – und muss sich Wünsche von Bewerbern leisten können. Von überall will man arbeiten. »Remote«, wie das so schön heißt. Ein Vorstandsmitglied einer großen Unternehmensberatung brachte das Streben der Bewerber auf den Punkt und sagte mir, die wollen »Malle für alle!«. In der Generation Z werden die drei großen F gefeiert: Freizeit, Freiheit und Flexibilität! Das sind die »Werte«, die zählen.

Noch vor gar nicht so langer Zeit war es – vor allem für junge Erwachsene – eine Ehre, bei einem der großen namhaften Unternehmen unterzukommen. Heute dürfen sich selbst DAX-Konzerne geehrt fühlen, wenn ein Bewerber ohne Berufserfahrung ein Jobangebot annimmt. Wer nicht flexibel ist, hat schon verloren. Die Option, von überall arbeiten zu können, also nicht unbedingt da, wo der Chef ist, ist für die Generation Z nicht verhandelbar. Ein CEO erzählte: »Eine der ersten Fragen im Vorstellungsgespräch ist: Wie viel muss ich arbeiten? Dann folgt: Wie sieht Ihre Homeoffice-Regelung aus? Sie ahnen es, Frau Nickel, dann geht es um flexible Arbeitszeiten. Ohne Homeoffice ist kein Blumentopf mehr zu gewinnen, zumindest in der Wissensarbeit. Eine junge Frau forderte Homeoffice, weil ihr das Tragen des Laptops zu schwer sei. Auch eine Begründung.«

Was passiert, wenn Forderungen nicht nachgegeben wird? Bäumchen wechsle dich. Egal ob auf Jobsuche oder in Festanstellung: Man zieht einfach weiter. Fast die Hälfte (48 Prozent) der Jüngsten einer Belegschaft sind nach zwei Forsa-Studien von 2023 im Auftrag von XING und seiner Recruiting-Plattform Onlyfy[42] jederzeit bereit zu einem Wechsel des Arbeitgebers. In anderen Staaten, etwa in Großbritannien, ist die Zahl von Z-lern auf dem Absprung noch höher. Was sind die Motive? Ganz oben stehen als zu niedrig empfundene Gehälter und Stress. Wobei in der Generation Z schon von unzumutbarer Plackerei die Rede ist, wenn die Mittagspause einmal ausfallen soll, weil die Zeit drängt. Bei der Bezahlung sind die Vorstellungen teils exorbitant. Während der Wunsch nach finanzieller Sicherheit nachvollziehbar ist, entbehren die überzogenen Gehaltsvorstellungen jeder Grundlage. Junge Leute, die sich für den ersten Job ihres Lebens bewerben oder ihn ein paar Monate ausüben, wähnen sich intellektuell und fachlich auf der Stufe des mittleren Managements und wollen entsprechend verdienen. Die Mitarbeiterin einer HR-Abteilung berichtete: »Wenn wir jemanden für eine Stelle suchen, für die ein Monatsgehalt von 3000 Euro brutto angemessen und realistisch ist, werden 3000 Euro netto gefordert.«

Auch das ist kein Einzelfall. So etwas höre ich immer und immer wieder in Varianten aus Unternehmen des Handwerks, der Industrie, der Kreativ- und Dienstleistungsbranche. Obwohl Sinnhaftigkeit, Authentizität, Nachhaltigkeit, Spaß und Freizeit doch so hoch im Kurs stehen, ist es am Ende der schnöde Mammon, der zählt.

Geld ist für junge Leute wichtig – Tendenz steigend. Nicht als Statussymbol. Das Lastenfahrrad ist wichtiger als der Porsche. Beim Einkommen überwiegt offenkundig das Bedürfnis nach Sicherheit und der Wunsch, sich Freiheit und Freizeit leisten zu können. Auch das belegen repräsentative – also statistisch belastbare – Umfragen. Bei der schon erwähnten Studie von XING stand auf die Frage, was ein neuer Arbeitgeber bieten solle, die Viertagewoche bei vollem Lohnausgleich als Antwort auf Platz 1. 82 Prozent hätten das gern. Dahinter folgt: ein höheres Gehalt, auf das es für 72 Prozent ankommt. Eine Erhebung, die die Wirtschaftsjunioren Deutschland – ein Verband, der rund 10.000 Unternehmerinnen und Unternehmer unter 40 repräsentiert – initiierten, brachte ähnlich hohe Werte.

Für 81 Prozent der Teilnehmer der Gen Z sind gute Verdienstmöglichkeiten das entscheidende Kriterium für einen Beruf. Danach folgt die Work-Life-Balance (74 Prozent). Auf dem letzten Platz landete in der Umfrage die Möglichkeit zur Selbstständigkeit und Gründung eines Unternehmens. Gerade einmal für 40 Prozent ist das bei der Entscheidung für einen bestimmten Beruf essenziell.

Steckt hinter üppigen Gehaltsforderungen vielleicht Zukunftsangst und doch keine Selbstüberschätzung? Ich glaube, die Wahrheit liegt in der Mitte. Wir erinnern uns an den »größten Nervenzusammenbruch ever« der jungen Frau, die bei 36.000 Euro brutto und 30 Tagen Jahresurlaub nicht wusste, »wie man überleben soll«. Das spricht nicht zwingend für ihre Angst vor dem Morgen, sondern mehr für einen Mangel an Bodenhaftung. Kann es sein, dass viele junge Menschen einfach kein Gefühl für Geld und Geldverdienen haben? Ist es Druck, der auf ihnen lastet?

Ein Blick über den großen Teich hinweg gibt ein wenig Aufschluss darüber. Der Großteil der Angehörigen der Generation Z in den USA hat eine andere Vorstellung von einem Mittelschichtgehalt als ältere Leute. Das Meinungsforschungsinstitut Pew Research rechnet alle Amerikaner zur Mittelschicht, die 2023 zwischen 38.133 und

114.400 Dollar verdienten. 74.580 Dollar sind die Mitte dieses Korridors. Redfield & Wilton Strategies befragte für *Newsweek*[43] 1500 US-Bürger, ob sie den Betrag der Mittelschicht zuordnen. Mehr als die Hälfte der Generation-Z-Teilnehmer tat es nicht. Lediglich 41 Prozent verorteten 74.580 Dollar in der Mittelschicht. Ältere Generationen schon eher. 50 Prozent, 61 Prozent und 73 Prozent der Millennials, Gen X und Boomer beurteilten es so. Heißt: Je älter die Menschen sind, desto eher neigen sie dazu, 74.580 Dollar Jahreseinkommen der Mittelschicht zuzuschlagen.

»Seit der Zeit, als die Babyboomer im Sommer arbeiten und ihre Schulkosten decken konnten, hat sich viel verändert. Heute kann die Generation Z Vollzeit arbeiten, während sie zur Schule geht, erhält einige Stipendien und muss trotzdem Kredite für das College aufnehmen«, sagte eine Verbraucherschützerin zu *Newsweek*. Den Vorstandschef eines digitalen Marketingunternehmens zitierte das Magazin so: »Für uns bedeutet Mittelschicht nicht nur materielle Annehmlichkeiten wie ein schönes Haus und Autos. Es geht mehr um Stabilität, Sicherheit und Freiheit. Ein gutes Gehalt ist sicherlich wichtig, aber wir schauen auch auf das große Ganze, auf Dinge wie eine Gesundheitsversorgung, die wir uns leisten können, Bildung ohne die Last von Schulden und einen gesünderen Planeten.« Und weiter: »Ein Einkommen von 74.000 Dollar mag gut erscheinen, aber oft fühlt es sich so an, als ob wir uns in einer schwierigen finanziellen Situation über Wasser halten müssten.«

Das klingt nach viel Druck und Sorgen. Nur haben wir in Deutschland weder amerikanische Verhältnisse noch sind sie in Sicht. Unser Bildungssystem ist nahezu kostenlos, der Beitrag zur Krankenkasse immer noch bezahlbar, Studenten kriegen BAföG und genießen finanzielle Vorteile etwa bei der Bezahlung des öffentlichen Nahverkehrs.

Mir scheint, dass sich unter vielen jungen Leuten eines nicht herumgesprochen hat: Erst Unternehmenserfolg sichert Gehälter jeder Höhe.

KEINE KOMPROMISSE – HINSCHMEISSEN IST IMMER EINE OPTION

Etwas nicht zu Ende zu bringen, aufzugeben, Trübsal zu blasen und andere dafür verantwortlich zu machen, ist leider fest etabliertes Verhalten in der Generation Z. Ich weiß von unzähligen Kündigungen durch jüngere Beschäftigte innerhalb der ersten ein bis zwei Jahre nach der Anstellung. Noch vor gar nicht so langer Zeit war ein Lebenslauf mit mehreren beruflichen Stationen innerhalb von zwei, drei Jahren und das Ausscheiden aus einer Firma vor Ablauf der Probezeit ein Alarmzeichen für Personaler, in manchen Unternehmen sogar ein Ausschlusskriterium für einen Bewerber. Solche Arbeitnehmer hatten es schwerer, weil offensichtlich war, dass charakterliche oder inhaltliche Schwächen ausschlaggebend für eine Trennung waren. Die Zeiten sind vorbei. Das hat sich in der Gen Z herumgesprochen, Kündigungen einzureichen ist für junge Leute ein Klacks. In Fachkreisen gehört die Generation Z »bereits jetzt zu den illoyalsten Jobbern aller Zeiten«, gibt XING-Experte Julian Stahl die Sicht der Unternehmen wieder. Das kann ich aus eigener Erfahrung nur bestätigen.

Maya, 26 Jahre alte Kulturwissenschaftlerin, grüßte nicht, wenn sie in einen Raum kam, und hatte auch sonst unhöfliche Umgangsformen. Dafür war sie umso arroganter. Schnell fing sie an, die Chefin ihrer Abteilung und die Assistentin der Geschäftsführung zu maßregeln und zu verkünden, wie die Arbeit zu tun sei. Für eine

Veranstaltung bestellte sie für sämtliche Anwesende vegetarisches Essen, weil sie es selbst bevorzugte. Als die Chefetage gegen den Alleingang protestierte, konterte die Mittzwanzigerin: »Ihr seid voll oldschool. Ihr müsst euch anpassen.« Es knisterte im Kollegenkreis, die Stimmung verschlechterte sich. Ihren Chef wollte Maya davon überzeugen, sie im Bereich IT einzusetzen, obwohl sie als Kulturwissenschaftlerin nur Alltagswissen hatte. Das Unternehmen hätte ihr vielleicht die Chance gegeben, wäre sie nicht so lernunwillig gewesen. Mayas Lernkurve war flach wie das Wattenmeer. Also ging sie: nicht in sich, sondern von dannen; nach nicht mal fünf Monaten durch eigene Kündigung.

Vermutlich denken Sie jetzt: Wieso hat das Unternehmen im Vorstellungsgespräch die Charakterschwächen nicht erkannt? Junge Leute haben es drauf, sich zu verstellen, wie es ihre Idole in den sozialen Medien tun. Das ist manchmal durchschaubar. Aber nicht immer. Außerdem führt die pure Personalnot dazu, dass Führungskräfte ein Auge zudrücken, manchmal auch zwei, und sagen: Wir versuchen es mit ihr oder ihm, selbst wenn Verstand und Bauchgefühl abraten.

Bei Paul war es in etwa so. Er hatte eine beachtliche Gehaltsforderung durchgedrückt – das Unternehmen wollte ihn unbedingt haben, obwohl sein nassforscher Auftritt im Vorstellungsgespräch aufseiten der Firma Fremdscham versucht hatte und auch Bedenken, ob das mit ihm gut gehen würde. Nach wenigen Monaten hielt sich der damals 26-Jährige reif für den nächsten Karriereschritt. Er wollte Teamleiter werden, um noch mehr zu verdienen. Sein Chef traute es ihm nicht zu, jedenfalls noch nicht; klare Vorstellungen von Führung hatte Paul nämlich nicht. Man arbeite ja agil und auf Augenhöhe, das würde schon gut gehen, verkündete er.

Die Leitungsebene der Firma wollte Paul eine Chance geben, ihn aufbauen und bat den jungen Mann um Geduld, seine Zeit als Führungskraft werde gewiss kommen, das Unternehmen mache ihn dafür fit. Es kam, wie es nicht hätte kommen müssen. Paul reichte die Kündigung ein.

Eine Social-Media-Managerin hatte einen Arbeitsvertrag für ein großes Unternehmen in Köln unterschrieben. Ihr standen zwei Tage Homeoffice zu. So weit, so gut. Ihre Arbeit machte sie prima, doch nach sieben Monaten – die Probezeit hatte die junge Frau soeben erfolgreich hinter sich gebracht – zog sie von Köln nach Berlin. Sie überraschte die Chefetage mit der Ankündigung, auf fünf Tage Homeoffice zu erhöhen und ab sofort von ihrem neuen Wohnort zu arbeiten. Es gab richtig Ärger. In mehreren Gesprächen versuchte die Geschäftsführung, ihr auseinanderzusetzen, dass ihre Forderung nicht umsetzbar sei: Im Arbeitsvertrag standen zwei Tage Homeoffice und Köln als Arbeitsort. Was passierte? Sie zog die Arbeitsunfähigkeitskarte, ließ sich krankschreiben und heuerte alsbald bei einem anderen Unternehmen an.

Leider ist auch das ein Merkmal der Generation Z: Sie kennt keine Kompromisse. No Trade-off. Nachgeben, Opfer bringen – das können die anderen machen. Wir machen, was wir wollen, erklären die Selbstoptimierer. Wenn etwas nicht passt, wird es ihren Wünschen entsprechend passend gemacht. Und zwar sofort. In der Gen Z steht Verzicht im Job für Horror. Wenn dringend etwas fertig werden muss, hat das Private trotzdem Vorrang und die Leute sind pünktlich beim Yoga oder Tanzkurs. Wer macht dann den Job fertig? Irgendwer, sie jedenfalls nicht. Es werden Anliegen durchgedrückt, deren Konsequenzen andere ausbaden müssen – das Unternehmen, die Kollegen. Das wiederum ist ungesund für den Teamspirit.

Wer schlank sein will, muss das Opfer bringen und auf Süßigkeiten verzichten, auch wenn der Heißhunger noch so riesig ist. Wie sich Gesellschaften entwickeln, in denen Kompromissbereitschaft schwindet, erleben wir gerade auf der ganzen Welt. Gedacht und geredet wird in Schwarz-Weiß-Bildern. Was passiert, wenn immer weniger bereit dazu sind, Kompromisse einzugehen, und jeder nur noch mit aller Macht seine Belange durchzusetzen versucht? Interessensausgleich verleiht einer Gesellschaft Stabilität. Egoismus und Selbstoptimierung bewirken das Gegenteil.

VON SELBSTÜBERSCHÄTZUNG UND KRITIKUNFÄHIGKEIT

Emily, Mitte 20, war als Trainee in einer Werbeagentur untergekommen. Sie sollte dort leichte organisatorische Tätigkeiten übernehmen. Sie wirkte tough. Doch der Schein trog, die Selbstsicherheit fiel ganz schnell in sich zusammen. Emily hatte Angst, Telefonate entgegenzunehmen. Sie ließ es so lange wie möglich klingeln und hoffte, dass der Anrufer aufgeben würde. Kunden, die es schließlich geschafft hatten, äußerten ihre Verwunderung, schließlich ist eine Agentur ein Dienstleister. Die Chefin half Emily mit freundlichen Worten, die Angst zu überwinden. Nach drei Tagen war es so weit: Emily besiegte ihren inneren Widerstand. Von da an war die junge Frau sichtbar stolz. Lob tat ihr gut, sie lief nun erhobenen Hauptes durch die Agentur und fühlte sich als Telefonqueen.

Zu der Story – erzählt hat sie mir die Chefin der Werbeagentur – fällt mir einiges ein. Einerseits freut es mich, wenn ein Mensch seine Angst überwindet. Ich weiß nicht, was in Emily vorging, warum sie sich anfangs davor drückte, ans Telefon zu gehen. Ich will den Stab über die junge Frau jedenfalls nicht brechen und mich dazu aufschwingen, mich über sie lustig zu machen. Zugleich denke ich: Wenn schon das Annehmen von Telefonaten erst nach Lob und Zuspruch gelingt – was soll dann erst bei echten Herausforderungen werden? Was lief falsch in der Erziehung oder der Schule, dass sie solche Hemmungen hatte (oder hat)? Wie will die Frau durchs Leben kommen?

Auch Emily steht für einen Trend: In Unternehmen muss zunehmend mit hypersensiblen, schwermütigen, labilen oder auch manischen und hochmütigen Charakteren umgegangen werden. Vorgesetzte zerbrechen sich das Hirn, das richtige Maß an Lob und Tadel zu finden. »Vor wenigen Jahren war es so: Wenn wir einen Auftrag, der plötzlich reinkam, erfüllt hatten, reichte es, wenn ich meine Leute, junge und alte, gelobt habe«, erzählte eine Führungskraft eines Autoherstellers. »Heute muss ich unseren Azubis möglichst täglich für dieses und jenes danken. Ein Lob, und sie blühen auf. Aber ich kann sie ja nicht für jede Kleinigkeit loben, am besten schon dafür, dass sie pünktlich oder überhaupt da sind. Aber Gnade Gott, ich spreche einen Tadel aus. Dann wird den ganzen Tag ein trauriges Gesicht gezogen.«

Immer wieder berichten Führungskräfte, dass junge Leute mit einem selbstkritischen Eigenbild nach anerkennenden Toll-du-machst-das-super-Worten in eine überhebliche Haltung fielen. Andere heulen nach einem Hauch von Kritik. Bei vielen fällt Lob in ein schwarzes Loch, sie können es nicht annehmen oder werten es ab. In der Generation Z ist all das keine Seltenheit. Nach meinem Eindruck fehlt das gesunde Mittelmaß. »Man muss die Generation Z mit Samthandschuhen anfassen«, fasste es ein HR-Chef zusammen. »Bei Kritik sind sie völlig irritiert, verstört und verletzt.«

Nach allem, was ich aus Unternehmen gehört habe, wage ich die Vermutung, dass das Selbstbewusstsein bei sehr vielen Jugendlichen und jungen Erwachsenen stark von äußeren Reaktionen abhängt, also kaum im Inneren verankert ist. Je mehr Likes bei Facebook, desto besser. Vermutlich ist das der Grund, warum die Generation Z eng getaktetes Feedback haben will, verbunden mit Wertschätzung, wobei damit häufig gemeint ist: bloß keine Kritik. Viele Führungskräfte trauen sich gar nicht mehr, aussagekräftige Rückmeldungen zu geben, aus Angst, die jungen Zuhörer zu verprellen. Im Widerspruch dazu steht das Bedürfnis nach Ehrlichkeit im Job. Feedback soll auf der einen Seite klipp und klar sein, auf der anderen Seite der Person gegenüber immer wertschätzend und anerkennend. Die Gratwanderung ist schwierig, wenn man Hypersensibelchen vor sich hat. Ich weiß aus eigener Erfahrung: Feedback richtig zu geben, will gelernt sein. Ein Gespräch ist kein Buch, das sich an eine unbekannte Leserschaft richtet. Unter vier Augen oder im kleinen Kreis muss man präzise und offen sein. Ein Satz wie »Das hast du gut gemacht« ist kein Feedback, sondern ein Lob. »Das hast du nicht gut gemacht« ist reine Kritik ohne Lerneffekt. Wenn der Zuhörer mit dem Gesagten nicht konstruktiv umgeht, ist sowieso alles sinnlos.

Der CEO eines mittelständischen Unternehmens berichtete mir Folgendes: Ein Controller, 27 Jahre alt, wollte nach dem Wirtschaftsstudium mit Schwerpunkt Rechnungswesen schnell Karriere machen und viel Geld verdienen. Sein Selbstbewusstsein war gigantisch. Er ging damit hausieren, dass ihn permanent Abwerbungsversuche erreichten. Mit nonchalanter Haltung, er sei »eh nicht mehr lange da«, trat er gegenüber seinem Chef und der Personalabteilung auf. Diese Eigendarstellung entlarvte die Illoyalität des Controllers zu seinem Arbeitgeber – und nervte. In einer Aussprache mit zwei Vorgesetzten gab der Controller den Reumütigen, erklärte aber im selben Atemzug, Teamleiter werden zu wollen. Die Firma wollte ihn halten, denn fachlich war er gut. Und Controller gibt es nicht wie Sand am Meer. Also gab sie ihm den Posten, schließlich wächst der Mensch mit seinen Aufgaben. Nicht so hier. In seiner Führungsrolle war der bisherige Einzelkämpfer restlos überfordert. Sein kleines Team ließ er komplett laufen, wohlwollend wäre sein Führungsstil noch am ehesten mit »Laissez-faire« zu bezeichnen. Jeder machte, was er wollte. Der Anspruch des Controllers gegenüber der Firma war hoch, der Wille zu lernen gering, ebenso das Ausmaß der Selbstreflexion. Aber schließlich gab er zu, dass er einfach nur mehr Geld verdienen wollte und gar keinen Bock auf Führung hatte. Immerhin!

Der Vorstandschef des Unternehmens gab seine Erfahrungen so wieder: »Ich wundere mich immer öfter, dass top ausgebildete Leute die Uni verlassen und glauben, dass es das nun war, dass sie schlau genug und unschlagbar in ihrem Fach sind. Sie haben an uns als Arbeitgeber enorme Ansprüche, aber nicht an sich selbst. Die Bereitschaft, eine gewisse Zeit zu lernen und sich einzufügen in das Unternehmenssystem, ist gering. Manchmal fehlt sie ganz.«

In der Praxis sind junge Leute schnell überfordert. Die Chefin eines großen Unternehmens erzählte mir von Mia, die immer fröhlich war und viel lächelte. Dennoch hatte sie von Anfang an Probleme, sich ins Team einzufügen, sie jammerte schnell und war noch schneller frustriert, wenn etwas nicht klappte.

Nach ein paar Monaten zeichnete sich die »Plötzliche-Montags-Freitags-Krankheit« ab, wie ich das Phänomen nenne, wenn sich eben noch gesunde Leute unmittelbar vor oder nach dem Wochenende krankmelden. Mia litt schwer darunter – und das Team unter ihr. Trotzdem meinten viele: »Ach, die Mia, die ist doch so nett, immer für einen Scherz zu haben.« Ihr Lächeln blieb, ihre Leistung ließ weiter nach. Als die Firma ihr einen Aufhebungsvertrag nach einem Jahr anbot, war Mia sichtlich erleichtert. Sie stimmte sofort zu und sorgte einmal mehr für einen Lacher, als sie sich bedankte und gestand: »Ich wollte ja ohnehin weg. Es war mir nur zu anstrengend, eine Kündigung zu schreiben.« Mit einem Lächeln im Gesicht verabschiedete sie sich.

Der Realitätsschock führt bei der Generation Z bisweilen zu Überforderung, viele nehmen Reißaus. Die einen begnügen sich mit einer Krankschreibung, die anderen schmeißen gleich ganz hin. Ein zarter Hinweis, was nicht so gut gelaufen ist, reicht, um ihre Welt ins Wanken oder gar zum Einsturz zu bringen. Selbst minimale Verbesserungsvorschläge an im Grunde starker Arbeit werden als persönlicher Angriff verstanden. Denn gewohnt sind Jugendliche und junge Erwachsene nur Lob von den Eltern und Likes in den sozialen Medien. Nun haben sie den geschützten Raum verlassen und lernen, dass man Probleme nicht einfach wegklicken kann.

Finn, ein Bachelorabsolvent in einem IT-Fach, war von einer Internetagentur mit mehr als 150 Mitarbeitern mit Begeisterung eingestellt worden. Sie räumte dem Bewerber Hürden aus dem Weg, gestand ihm zu, die Hälfte der Arbeitszeit im Homeoffice zu verbringen, wie er es gefordert hatte. Allein: Die von ihm betreute App funktionierte nicht so, wie es der Auftraggeber, der dafür viel Geld zahlte, wünschte. Auf freundliche Gespräche folgten weniger freundliche, auf harte knallharte: Dem Kunden drohten Umsatzverluste. Die Firma kritisierte Finn, nahm ihn aber nach außen hin in Schutz. Er brachte das Projekt endlich zum Laufen. Na bitte, geht doch! Trotzdem: Dass sein Chef mit ihm hart ins Gericht gegangen war, nahm er ihm krumm. Der junge Mann kündigte unter Protest. In »so einem Laden« zu arbeiten, komme für ihn nicht infrage. Dabei hatte ihm die Firmenleitung freie Hand gegeben. Er sollte, wie er es gewünscht hatte, die App weitgehend allein wuppen. Es war Finn, der die Sache verbockt hatte – aus seiner Sicht waren es jedoch alle anderen.

Auch das ist kein Einzelfall, sondern eine Allerweltsgeschichte aus der Wirtschaft. Ein Personaler erzählte unter Fluchen und Seufzen über seine Erlebnisse mit Hyperempfindlichen: »Nach Kritik sind sie sofort weg. Ich kann ein Lied singen von Kündigungen nach Feedbacks, die offenbar zu kritisch waren. Selbst wenn es sich um Hinweise handelte, es noch besser zu machen. Die Betonung liegt auf *noch* und *besser*. High-Performer sind genauso schnell sauer wie Low-Performer.«

Bevor Sie mich vielleicht (wieder) des unqualifizierten Jugend-Bashings verdächtigen: Eine Umfrage unter 2500 Leuten von Civey für die *Wirtschaftswoche*[44] bestätigt: Deutlich mehr als die Hälfte der Belegschaften und Führungskräfte in Unternehmen bescheinigen der Generation Z Kritikunfähigkeit. Eine Führungskraft in der Ausbildung berichtete: »Früher war es so, dass der Chef gesagt hat, was getan werden muss. Heute werden Arbeitsanweisungen schnell als

Kritik verstanden. Die junge Generation reglementiert auch gerne den Chef selbst, ohne Erfahrung oder gar besonderes Wissen zu einem Thema zu haben. Das nennen die dann flache Hierarchien.«

Das saloppe und infantile Verhalten – zur »Augenhöhe« verklärt – soll vermeiden, als Untergebener dazustehen, der sich unterordnen muss, was junge Menschen ablehnen, zumal sie es von daheim und aus der Schule nicht kennen. Ein Ausbilder schilderte die ersten Arbeitstage eines seiner Schützlinge wie folgt: »An Tag eins kommt er vier Stunden zu spät. Seine erste Frage: ›Gibt es hier WLAN?‹ Die zweite lautete: ›Wann kann ich Pause machen?‹ Zu einer klaren Anweisung sagte er: ›Das kann doch jemand anders machen.‹ Nach immerhin fünfmaligem Erscheinen, leider eher unmotiviert, und einem ersten etwas längeren Feedbackgespräch meldete er sich am Montag der zweiten Woche seiner Ausbildung krank. Fernbleiben aus Trotz oder Überforderung kommt auch in älteren Generationen vor. Aber nicht in diesem Ausmaß wie der Z.«

Fehler werden gerne bei anderen gesucht. Immer weniger junge Leute sind nach meinen Erfahrungen und den Beobachtungen meiner Kunden in der Lage, einfach mal zu sagen: »Shit, da habe ich Mist gemacht.« Oder: »Sorry, meine Schuld.« Selbstreflexion als Voraussetzung zu Erkenntnis und innerer Veränderung sind in geringem Maße vorhanden, vielfach auch gar nicht. Und Eltern sind immer bereit, das Spiel mitzuspielen und ihren schützenden Mantel über den erwachsenen Nachwuchs zu werfen.

VIP-Azubis sind Schulabgänger, die einen Beruf in der Branche erlernen wollen, in denen ein Elternteil ein »hohes Tier« ist. Einer von ihnen ließ sich in einem Verkehrsunternehmen ausbilden. Der VIP-Azubi schlief während der Arbeit immer wieder ein. Seinen Vorgesetzten nannte er als Grund erst Schlafstörungen, dann Vitaminmangel. Vor Gleichaltrigen prahlte er damit, bis nachts um 3 oder 4 Uhr online zu zocken. Bei einem VIP-Azubi drückt die Führungsetage schon mal ein Auge zu und übt sich erst recht in Geduld. Erst nach drei Monaten jedoch wurde das Gespräch mit der Mutter gesucht. Sie verteidigte ihren Sprössling unter anderem mit dem Argument: »Die Pubertät ist etwas ganz Schwieriges.«

Mir scheint, dass sich der Teil des Erwachsenwerdens bei diesem jungen Mann besonders lang hinzog. Oder die Pubertät setzte bei ihm extrem spät ein, was ich mir bei einem verwöhnten Kind vorstellen kann. Ob die Mutter glaubte, was sie da sagte? Oder war es eine Ausrede in eigener Sache, weil die Frau selbst blamiert war? Ich frage zudem: Ist einem Kind mit derlei Unterstützung wirklich geholfen? Was hat es davon, auf diese Weise in Schutz genommen zu werden?

So entsteht exakt die Hybris, die bei Vertretern der Generation Z in beachtlichem Maß konstatiert werden muss. Sie ist es auch, die dazu führt, dass sich junge Leute kaum oder gar nicht auf Vorstellungsgespräche vorbereiten. »Was würden Sie einer Freundin, Ihrer Mutter oder Ihrem Vater sagen, wo Sie sich beworben haben?« Für mich eine nachvollziehbare Frage, die eine Führungskraft, die ich seit vielen Jahren kenne, einer Bewerberin stellte. Die Antwort lautete: »Keine Ahnung, dazu bin ich doch jetzt hier, um das zu verstehen. Ich will mich heute informieren, was Sie zu bieten haben.«

Wir sehen: Junge Leute beherrschen die Kunst, eigene Fehler und Wissenslücken in positive Eigenschaften zu verwandeln. Desinteresse wird so zu Interesse umgedeutet: eine hübsche Strategie, Unzulänglichkeiten wegzuschieben und gleichzeitig zu erfahren, was das Unternehmen »zu bieten hat«, bevor es darum geht, was der Bewerber im Köcher hat. Die Generation Z ist nicht gezwungen, Vorwürfen selbstkritisch zu begegnen, sie kann sie ignorieren. Wenn der Job nicht gefällt oder Unwohlsein entsteht – und tschüss! Ausreden und Verklärungen sind schnell zur Hand, der Selbstbetrug ständiger Begleiter in der Generation Z: Es hat halt nicht gepasst, die anderen waren doof und haben keine Ahnung, erklären die Kritisierten, die von daheim nur Lob und Anerkennung kennen, weil Mama und Papa nie schimpfen wollten.

UNVERBINDLICH UND UNDISZIPLINIERT

Leon war Auszubildender in einem großen Medienkonzern und konnte die verschiedenen Abteilungen über jeweils mehrere Monate kennenlernen. In jeder hatte er eine Führungskraft als persönlichen Ansprechpartner. Der Konzern hat eine azubifreundliche Gleitzeit. Die Arbeit begann spätestens um 10.30 Uhr. Doch bereits ab Woche zwei erschien Leon erst gegen 11.30 Uhr, manchmal auch später. Man machte ihm klar, dass das nicht ging, wollte aber so früh in der Ausbildung nicht eskalieren. Also ließen ihm die Verantwortlichen das Zuspätkommen durchgehen und sich einfinden. Doch Leon kam immer wieder zu spät. Das Ganze zog sich bis in die zweite Unternehmensstation. Sein Chef aus der ersten Etappe sprach ihn an, als er wieder einmal erst kurz vor Mittag erschien. Immer noch freundlich, aber bestimmt, machte er Leon klar, dass das zu oft vorkomme und so nicht weitergehen könne. Der junge Mann konterte selbstbewusst: »Wieso sprichst du das jetzt an? Ist doch gar nicht mehr dein Bier, du bist nicht mehr mein Chef, ich bin doch schon längst in einer anderen Abteilung. Und außerdem: Jetzt bin ich ja da. Dafür habe ich schon Sport gemacht.«

Sie merken: Hier stimmt etwas grundsätzlich nicht. Die Liste von Leons »Vergehen« ist lang. Regelverstöße, kein Teamspirit, Respektlosigkeit, mangelndes Problembewusstsein und Egoismus. Für mich war das Schlimmste in seiner Aussage das Ende seiner Erklärung: »Dafür habe ich schon Sport gemacht.« In diesem »dafür«

steckte die Betonung einer Leistung, die er bereits vollbracht haben wollte, auch wenn das Unternehmen nichts davon gehabt hatte.

Nur mit Geschichten vom Zu-spät- oder Gar-nicht-Kommen könnte ich ein zweites Buch füllen, so viele kenne ich mittlerweile. Ein verblüffter Chef eines mittelständischen Unternehmens stellte einen Azubi zur Rede, der einen Termin geschwänzt hatte. Er fragte ihn, wieso er nicht wenigstens Bescheid gegeben habe, und musste sich anhören: »Sie haben doch gesehen, dass ich nicht da bin. Warum soll ich mich noch extra melden?«

Oje, armes Deutschland, sag ich da nur.

Ist Unpünktlichkeit gleichbedeutend mit undiszipliniertem und unzuverlässigem Verhalten? Aus Sicht der Unternehmen: definitiv ja. Doch spannenderweise ergaben mehrere Studien, dass sich junge Menschen als sehr leistungsbereit und zuverlässig einschätzen. In einer Erhebung des amerikanischen Workforce-Instituts von 2019[45] bescheinigte sich nahezu ein Drittel der Z-ler, die »am schwersten arbeitende« Generation zu sein, also auch die Babyboomer und die X zu übertreffen. In einer Befragung des Instituts für Demoskopie Allensbach schätzte sich ein gutes Drittel der 14- bis 26-Jährigen als »Workaholic« ein.

Mich würde es nicht wundern, wenn sich Leon ebenfalls attestierte, ein »Arbeitstier« zu sein. Sein Verhalten ist ein Beispiel unter Tausenden für den Unterschied zwischen Selbst- und Fremdwahrnehmung in der Generation Z. Ich habe meinen geschätzten Coaching-Mentor Jens Corssen gefragt, wie so etwas möglich ist. Unabhängig von der juristischen Lage und den Anforderungen eines Unternehmens erklärte mir der Psychologe: Jeder hat recht in seinem Denk- und Angstsystem. Leon und seine Vorgesetzten haben in ihren Lebenswelten unterschiedliche Aufgaben und Prioritäten, die sich aus Stellungen im Unternehmen und Einstellungen zur Arbeit ergeben. Es ist ein menschliches Bedürfnis, sein Selbstwertgefühl zu schützen. Dazu haben wir Menschen über Jahrhunderte verschiedene Mechanismen entwickelt – Ausreden und Selbstrechtfertigungen gehören dazu.

Jenseits individueller Bewertungen wie in Leons Fall müssen wir aber fragen: Wozu gibt es Verträge? Haben wir nun Regeln oder nicht? Ja, wir haben welche. Und das ist richtig und wichtig so. Denn sie sind von großer Bedeutung für das Funktionieren einer zivilisierten Gesellschaft.

GEISTERSTUNDE IN DER WIRTSCHAFT

»Ghosting« ist ein Phänomen, das viele Menschen aller Altersgruppen erlebt haben. Es ist nicht neu, wird aber durch die digitalen Kommunikationsformen, vor allem Online-Dating, leichter und sichtbarer. Der Begriff stammt aus dem Englischen und beschreibt den abrupten Abbruch einer Beziehung oder Freundschaft ohne Angabe von Gründen. Ein Mensch, der einem eben noch zugeneigt war oder erschien, verschwindet wie ein Geist (Ghost), meldet sich nicht, beantwortet keine Mails, WhatsApp-Nachrichten oder Anrufe mehr, lässt einen fragend und traurig zurück. Betroffene sind ahnungslos und fühlen sich oft schlecht, weil sie denken, es liege an ihnen, sie hätten etwas falsch gemacht. Was natürlich Unsinn ist. Denn Übeltäter ist der Ghost. Er verhält sich gehässig.

Auch in der Wirtschaft herrscht Geisterstunde – nicht nur wegen des Personalmangels. Ghosting hat Einzug in die Welt der Unternehmen gehalten, auch bei uns. Dem Jobvermittler Indeed zufolge, der regelmäßig Umfragen zu dem Phänomen durchführt, gaben 76 Prozent der amerikanischen Arbeitgeber an, im Jahr 2020 von derlei Quälgeistern heimgesucht worden zu sein.

Job-Ghosting in der Wirtschaft hat unterschiedliche Ausprägungen. Bewerber kommen nicht zum Kennenlerngespräch, brechen den Kontakt in einem laufenden Einstellungsprozess wie aus dem Nichts ab und rühren sich nicht mehr. Sogar ein unterschriebener Vertrag ist keine Garantie, nicht an einen Geist geraten zu sein: Viele Leute erscheinen nicht am vereinbarten ersten Arbeitstag. Klingt spooky, oder? Ist aber keine Seltenheit. In der Indeed-Erhebung[46] für 2020 berichtete ein Viertel der Unternehmen, dass neu Eingestellte an Tag eins auf ihre Anwesenheit verzichteten. 25 Prozent – das muss man sich einmal vorstellen. Auch deutsche Firmen klagen über gespenstische Zustände. Eine satte Mehrheit der Unternehmen zwischen Ostsee und Schwarzwald, genau 90 Prozent, hat schon mit Bewerber-Ghosting zu tun gehabt. Mehr als die Hälfte von 400 befragten Recruitern[47] erklärte für das Jahr 2021, dass Job-Ghosting zugenommen habe. Ein Viertel machte mindestens einmal pro Woche entsprechende Erfahrungen, fast jeder zehnte Personaler täglich.

Indeed fragte »Job-Geister« nach den Motiven, nicht einfach zu mailen: »Danke, aber ist doch nichts für mich.« Die Antworten: »Entweder man hat sich nicht getraut abzusagen oder hatte Kommunikationsprobleme oder einfach nicht gewusst, was man tun sollte.« Letzteres wäre traurig. Ja, Kommunikation will gelernt sein. »Keine Traute« glaube ich glatt. Die Hypersensibelchen haben Angst, jemandem wehzutun, weshalb sie lieber gar nicht schreiben. Oder dahinter steckt Scham, eine Erwartung nicht zu erfüllen – sie wollen ja lieb und nicht böse sein. Dann lieber gar nicht mailen und sich aus dem Staub machen. In jedem Fall gilt: Erwachsen ist keins der Verhaltensweisen.

Allerdings sind auch Berichte von Bewerbern bekannt, die über Ghosting auf Unternehmensseite klagen. Indeed sieht die Verantwortung für das Phänomen ohnehin nicht nur aufseiten der Jobsuchenden und wertete es als »Hinweis auf ein größeres Problem« in der Wirtschaft, etwa dass Bewerber sich einer Firma oder Stelle nicht verbunden fühlten. »Anstatt ihr Desinteresse zu kommunizieren, brechen sie den Kontakt lieber ab.« In der Aussage zeigt sich die Umkehrung der neuen Machtverhältnisse. In einem Einstellungsprozess hat, wenn ich Indeed richtig deute, das Unternehmen dafür zu sorgen, dass sich ein Kandidat mit Job und Firma verbunden fühlt, was ein bisschen crazy ist, wird Bewerbern doch schon genug offeriert und ausreichend Honig ums Maul geschmiert. Und mit Verlaub: Es ist unhöflich und respektlos, sich nicht zwei oder drei Minuten Zeit für eine Absage-Mail zu nehmen. Halten Sie einmal gedanklich die 60 Prozent derjenigen dagegen, die innerhalb von drei Tagen eine Antwort auf eine Bewerbung erwarten. Was denken die wohl, wenn sich ein Unternehmen geisterhaft verhält und gar nicht rührt?

Das Problem ist aber vor allem, dass Ghosting Zeit und Geld frisst, nicht nur weil Recruiting-Verfahren neu begonnen werden müssen. Es beeinträchtigt auch Abläufe in Unternehmen bis hin zur Produktion. Das Schlimmste am Ghosting ist jedoch: Es zerstört Vertrauen.

EIN LIKE ERSETZT KEINE EMPATHIE

Hinter »Okay, Boomer« steckt oft Kritik an Älteren: »Du kannst es nicht.« Oder: »Du kennst dich einfach nicht aus.« Übersehen wird dabei konsequent, dass Angehörige der Generation X und Babyboomer längst digitale Kenntnisse aufgeholt haben. Trotzdem denken Jüngere, dass sie den Älteren überlegen sind. Das ist häufig tatsächlich der Fall, was IT-Wissen angeht. Erlebnisse aus Unternehmen sprechen eine andere Sprache. Denn wer gerne Auto fährt, muss nicht unbedingt wissen, wie der Motor funktioniert. Mit der Playstation aufgewachsen zu sein, bedeutet nicht, mit digitalen Tools am Arbeitsplatz umgehen zu können. Immer wieder kamen mir Klagen zu Ohr, dass Jüngere nicht oder nur begrenzt in der Lage sind, ihr digitales Know-how gewinnbringend im Unternehmen einzusetzen. Schon bei der Erstellung von Excel-Tabellen hört es auf. Obwohl sie sich selbst für IT-Giganten halten. Diese Kluft bestätigte das »Digital Skills Barometer 2023« des österreichischen Vereins Fit-4-Internet[48]. 3600 Leute schätzten dabei ihr Wissen und Verständnis digitaler Technologien auf einer Skala von maximal 100 Punkten ein. Die jungen Teilnehmer landeten bei 83 – eine Überprüfung der Aussagen ergab einen Schnitt von 50 Punkten. Ältere Generationen waren besser. Allerdings haben Boomer und X-ler bei den digitalen Kompetenzen wirklich einen sehr großen Rückstand. Sie überschätzen sich zwar nicht, zeigen aber keine große Offenheit, Wissen aufzuholen. Da liegt mir auf der Zunge: Okay, Boomer!

Die Fehleinschätzung entsteht wahrscheinlich durch den simplen Gedanken: Ich surfe megaviel im Internet, also habe ich es drauf. Junge Menschen sind im Schnitt beinahe vier Stunden am Tag im Netz. Laut Statista hat sich die aktuelle Verweildauer im Vergleich zu 2007 mehr als verdoppelt. In der Coronazeit war das nachvollziehbar. Für 2023 frage ich jedoch: Was tun die da all die Stunden? Eine jüngere Shell-Studie gibt die Antwort. Alles. Und nichts. Von Unterhaltung und Informationsbeschaffung über das Pflegen sozialer Kontakte bis hin zur Selbstinszenierung ist alles dabei. Wer ständig im Internet ist, erwartet das selbstverständlich auch von seinem Arbeitgeber. Angehörige der Generation Z verlangen Apps und andere technische Tools im Job. Privat kommunizieren sie ohnehin digital über Emoticons, Bilder, Sprachnachrichten, GIFs oder kurze Videos – Hauptsache, die Informationen sind kurz.

Die Aufmerksamkeitsspanne – das ist wissenschaftlich belegt – junger Leute beträgt wenige Sekunden (öfter wird von knapp 8 Sekunden gesprochen). Alles geht zack, zack, auch im Gehirn. Wer die Angehörigen der Generation Z im Internet erreichen will, muss sich kurz fassen, ansonsten ist man chancenlos. Ihr Leben und Denken wird von Algorithmen bestimmt, die Realität ein gutes Stück weit von Influencern. Sie bewundern die von Internetstars vorgelebten Ideale von Schönheit und Reichtum und eifern ihnen nach. Die Gefahr, sich in Blasen einer wirklichkeitsfernen Welt zu verlieren, ist alles andere als gering. Das kann im schlimmsten Fall zur Sucht werden und psychische Probleme verursachen. Die Nomophobie (No-Mobile-Phone-Phobie) – die Angst vor der Abwesenheit des Smartphones – hat viele im Griff: nur nichts verpassen!

Das Hin und Her in den sozialen Medien geht blitzschnell. Hieraus erklärt sich meiner Meinung nach das Bedürfnis der Generation Z nach ständigem und raschem Feedback im Job. Spannenderweise mögen junge Menschen trotz ihrer Onlineaffinität Rückmeldungen von Führungskräften im direkten Vieraugengespräch ohne Bildschirm. Eine Abteilungsleiterin berichtete mir von einer 26 Jahre alten Angestellten: »Sie ist wie viele aus der Generation Z sehr anstrengend zu führen, weil sie ständig Feedback will; und zwar von mir als Abteilungsleiterin, nicht nur von der direkten Führungskraft. Jeden Freitag kommt sie zu mir ins Büro und fragt nach, wie sie in der Woche war, wie ich sie einschätze.«

Schweigend am Smartphone Inhalte zu konsumieren, ist also nur Silber, und reden ist Gold? So ist es vermutlich. Das Internet allein macht nicht glücklich. Jedenfalls nicht nachhaltig. Likes und andere positive Kommentare aktivieren zwar das Glückshormon Dopamin und damit das innere Belohnungssystem. Versprochen wird eine schöne bunte Welt, sie ist für alle verlockend und schnell erreichbar. Suggeriert wird: Wir können alles erreichen – und zwar durch bloßes Ansehen von YouTube-Videos, ohne sonstiges Lernen oder Schaffen. Aber die ersten Wochen in einem Job zeigen, dass man einiges tun muss, um vom Chef ein gesprochenes Like zu erhalten. Die Leichtigkeit des Internets existiert dort nicht. Niemand kommt in der Hektik des Betriebsalltags und baut einen mit banalen Parolen auf, wie es Influencer tun, die verkünden: »Glaube an dich selbst.« – »Du bist wichtig.« – »Du bist einzigartig.« – »Entdecke dein wahres Selbst und alles wird gut.« Oder auch: »Visualisiere deinen Erfolg und er wird eintreten.« Bitte nicht falsch verstehen: Natürlich sind Eigen- und Fremdmotivation, der Glaube an sich selbst und eine positive Haltung wichtig für Erfolge. Doch reich gedacht hat sich noch niemand. »Visuelle Kraft« macht keine Millionäre. Die Realität sieht anders aus, sie besteht aus drei Buchstaben: TUN!

Die Beziehung zwischen Internetidolen und ihren jungen Anhängern funktioniert ähnlich wie die von Gläubigen zu ihrem Gott, nur dass Letzterer keine gefakten Hochglanzfotos postet und nicht für Intervallfasten wirbt. Viele Untersuchungen zeigen, dass in der Generation Z ein starkes Bedürfnis nach Gruppenzugehörigkeit besteht, was es Influencern leicht macht. Wie im echten Leben wird durch regelmäßige Interaktion soziale Nähe und Vertrauen aufgebaut. Fans haben das Gefühl, den Menschen, dem sie »folgen«, wirklich zu kennen. Eine Illusion. Vorgegaukelt werden Nähe und Intimität. Vielleicht erklärt auch das, warum die Generation Z zwar untereinander digital verbunden ist, aber vom Gefühl der Einsamkeit geplagt ist. Gelingendes Miteinander, wie es im Arbeitsalltag wichtig ist, wird nicht über Onlinebeziehungen aufgebaut, die eine »Freundschaft« simulieren.

Mich wundert es nicht, dass die berühmten Soft Skills (weiche Fähigkeiten), also persönliche Werte und soziale Kompetenzen, in der Generation Z wenig entwickelt sind. Eine für gedeihliches und faires Zusammensein zentrale Fähigkeit bleibt bei Jüngeren zu häufig auf der Strecke: Empathie, das Hineinversetzen in das Gegenüber. Früher haben alle geholfen, wenn jemandem etwas passiert ist. Heute filmen drei von sechs, zwei weitere lachen und einer springt einem Unglücksraben bei. Wie soll man Respekt, Gerechtigkeitssinn, Verlässlichkeit, Geduld, Höflichkeit, Mitgefühl, Kritik- und Teamfähigkeit entwickeln, wenn man passiv einem Internet-Guru zuhört, der verkündet, wie man stinkreich wird, achtsam lebt oder was gerade in New York los ist?

Auch das ist ein seltsamer Widerspruch der Gen Z. Ihre Vertreter fordern bei jeder Gelegenheit Empathie ein, möchten freundlich angeredet werden und sagen selbst lächelnd »hallo« und »tschüss«. Aber das heißt noch lange nicht, dass es ihnen leichtfällt, in echten Kontakt zu gehen. YouGov ermittelte für den Softwareentwickler Atlassian die Neigung zum Homeoffice unter den arbeitenden Generationen. Während ungefähr zwei Drittel der Babyboomer und X-ler täglich oder meistens ins Büro gehen, ist es bei den Z-lern etwa die Hälfte. Knapp ein Drittel der Befragten der Generation Z gab an, kein gutes Verhältnis zu Kollegen zu haben. Erstaunt Sie das?

Wie steht es um die Empathie des Nachwuchses? Die Uni Bielefeld[49] gab mit einer 2020 erschienenen Studie, die bezeichnenderweise lautete: »Generation Aufbruch oder Generation Rücksichtslos?«, einen Hinweis: Soft Skills fehlten bei jedem dritten Jugendlichen. Bei den Sechs- bis Elfjährigen waren es 22 Prozent. Natürlich bedeutet das im Umkehrschluss: Die große Mehrheit hat einen ausgeprägten Gemeinschaftssinn. Trotzdem sind die Zahlen bedenklich. Das Einfühlungsvermögen steigt übrigens mit einem engen und guten Verhältnis zu den Eltern. Das sollten sich Mütter und Väter zu Herzen nehmen.

Je digitaler die Welt wird, desto mehr sehnen sich Menschen nach analogem Austausch, Wertschätzung und Mitgefühl. Auch das belegen Studien. »Jeder Trend hat auch einen Gegentrend«, schrieb das Kölner Marktforschungsinstitut Like to Know zu einer Untersuchung, von deren Ergebnis die Forscher, wie sie mitteilten, selbst überrascht waren. 61 Prozent der Angehörigen der Gen Z bevorzugen vielfach die Offlinewelt und unterscheiden sich in diesem Punkt nicht von den Älteren (59 Prozent). Das Zusammensein mit Freunden, Einkäufe, Kulturveranstaltungen, Spieleabende oder gemeinsamer Sport werden als bereichernd empfunden. Warum? Wahrnehmungen im und beim menschlichen Miteinander machen glücklich(er). Die Studienautoren vermuten den Beginn einer Übersättigung und haben eine plausible Erklärung dafür: »Die digitale Welt ist gefühlt grenzenlos, man ist ständig aktiviert und kommt nicht dazu, Themen zu verdauen – dies kann zu Stress und Belastung führen, dem die Gen Z entgegenzuwirken versucht. Die analoge Welt bringt Entschleunigung, Begrenzung, Nostalgie und Geborgenheit in einer immer brüchiger werdenden Welt.«

Ich hoffe sehr, dass sich hier ein echter Trend abzeichnet – und dass er die Arbeitswelt beeinflussen wird. Mitarbeiter und Führungskräfte von morgen brauchen Soft Skills, denn bei Innovationen und Veränderungen ist die Technik für den Erfolg wichtig, aber der Mensch als Mitgestalter oder Verhinderer ausschlaggebend. Menschen folgen nun mal Menschen und nicht Maschinen.

»OHNE PURPOSE MACHE ICH NICHTS!«

»Ich wurde im Vorstellungsgespräch von einem jungen Kandidaten gefragt, wo wir produzieren lassen und ob unsere Lieferketten nachhaltig sind. Junge Menschen bohren da häufig genau nach«, berichtete ein Personaler. Und die Mitarbeiterin eines Konzerns in Nordrhein-Westfalen erzählte: »Greenwashing geht gar nicht. Als falsch wird schon betrachtet, wenn auf unserer Seite jemand bei der Frage nach ›sozialem Engagement im globalen Süden‹ in der Antwort von der ›Dritten Welt‹ spricht. Auch das Thema Gendern ist brandgefährlich.«

Die falsche Wortwahl oder erkennbare Flunkereien sowie Tricks bei Klima- und Umweltschutz oder Nachhaltigkeit sind für junge Leute ein rotes Tuch und können sofort zum Ende eines Vorstellungsgesprächs oder zur Kündigung führen. Schon Auszubildende lehnen dieses Projekt oder jene Tätigkeit mit der Begründung ab: »Das ist nicht mein Purpose.« Der Begriff »Purpose« zielt dabei auf den Sinn und Zweck des Unternehmens ab. Mir scheint es, als stelle die Generation Z die große Sinnfrage, und zwar für Unternehmen, aber genauso für sich selbst. Es ist wissenschaftlich bewiesen, dass Menschen, die im Job oftmals nicht wissen, warum sie tun, was sie tun, ihre Tätigkeit – jenseits von Gehalt oder Lohn – für nutzlos halten. Erst wer das Warum und Wofür seines Schaffens versteht, geht motivierter zu Werke.

Prinzipiell ist es zu begrüßen, dass sich junge Leute sozial und politisch engagieren. Ein mächtiger Unterschied zu den älteren

Generationen ist: Sie haben die Zukunft noch vor sich. Deshalb müssen sie mit an ihr bauen. Sinn im Tun zu finden, finde ich wunderbar. Und es ist für mich nachvollziehbar, dass Jung und Alt nach Jobs in Unternehmen suchen, die an die gesamte Gesellschaft und die Umwelt denken, gerne auch sinnstiftend agieren. Viele Firmen, kleine und große, gehen diesen Weg. Aber wenn junge Leute von einem Arbeitgeber erwarten, ihrem Dasein Sinn zu geben, spricht dies auch für eine gewisse Leere in ihrem eigenen Leben. Es ist prima, in einem Unternehmen zu arbeiten, das für bestimmte und möglichst für die eigenen Werte steht. Aber bildet sich dadurch nicht eine Blase, die zu platzen droht? Denn was heute sinnvoll ist, kann morgen schon sinnlos sein. Haben wir es, um das Gedankenspiel auf die Spitze zu treiben, mit einer Generation gefährdeter Sinnsucher zu tun? Das würde dann auch den Erfolg der Internetgurus erklären, die verkünden: »Finde dein wahres Sein. Finde dein höheres Selbst. Entwickle dein absolutes Potenzial.« Nur leider bewirkt der Fokus auf sich selbst nur eins: mehr Ego.

Unternehmen sind längst auf den Zug aufgesprungen. Seit HR-Abteilungen zu Ohren gekommen ist, dass die Jüngeren großen Wert auf Sinnhaftigkeit im Job legen, finden wir zuhauf Purpose-Statements auf den Online- und Offlineschaufenstern von Firmen aller Größen. Sie enthalten das Versprechen, dass hier – nur hier bei uns! – die Sinnsuche ein Ende findet: Wir passen zu dir und deinen Werten. Wir haben eine Mission und schreiben Purpose groß. Ob das Ganze gelebt und befolgt wird, ist eine ganz andere Frage.

Kann der Hype daran liegen, dass große Teile der Generation Z selbst keinen eigenen Purpose haben, keine Aufgabe, kein Ziel? Suchen sie deswegen Sinngeber und auch Sinngebung in ihrem Job? Ist es vielleicht so, dass die einen die Welt retten wollen, während die anderen einfach satt, ohne Ansporn und somit auch ein bisschen hoffnungslos sind? Ich vermute auch hier, dass es ein Mix aus all dem ist. Ein guter Freund sagte einmal: »In der Generation meiner Eltern, die das Land nach dem Krieg aufbaute und das Wirtschaftswunder schuf, war alles sinnvoll. Man musste anpacken. Das hat für alle Sinn gemacht. Doch die jungen Leute haben alles: Was macht da noch Sinn?«

Ich glaube, da ist was dran.

NICHT OHNE MEINEN COACH!

Auf einem Kongress diskutierte ich mit zwei Z-lern über die neue Arbeitswelt. »Ich will keinen Chef, sondern einen Coach«, sagte ein junger Mann, der vor Selbstbewusstsein strotzte. Auf Nachfrage erfuhr ich, dass er »Augenhöhe« und Coaching für die wichtigsten Punkte bei der Mitarbeiterführung hielt. Er sei kein Befehlsausführer wie Soldaten bei der Bundeswehr. Undenkbar für ihn, dass ihm einfach jemand sage, wo es langgehe, ohne dass er das mitbestimmen könne.

Nichts gegen Coaching – ich lebe davon. Aber irgendwie hat die Aussage »Gschmäckle«, wie der Schwabe sagen würde. Warum ist es für einen jungen Menschen so wichtig, im Unternehmen gecoacht zu werden? Wofür steht es hier? Dient es nicht auch der Bedürfnisbefriedigung? Mir scheint es jedenfalls so. Coaching wird häufig unter dem Deckmantel der ganz persönlichen Weiterentwicklung gefordert. In Wahrheit steckt Egoismus dahinter. Denn in Coaching Sessions wird das eigene Selbst gestreichelt und der Mitarbeiter steht im Mittelpunkt der Aufmerksamkeit – und das ist genau das Ding der Generation Z. Natürlich hat ein Unternehmen auch etwas davon, wenn eine Arbeitskraft lernt, über sich nachzudenken, sich gebauchpinselt und wichtig fühlen kann. Aber im Job geht es nicht nur um »meine« Entwicklung, sondern die des Unternehmens.

Vertreter der Generation Z fühlen sich beim coachenden Chef wohl, weil sie von ihm »Wertschätzung« erhoffen, er nicht kritisiert, sondern maximal zarte Hinweise und nie Anweisungen gibt. Das entspricht der Vorstellung junger Leute von Führung auf Augenhöhe. Dahinter steckt allerdings ein großes Missverständnis. Stellen Sie sich eine kritische Situation im Operationssaal vor. Hier wäre Coaching kein gutes Mittel, um die Lage zu bewältigen. Es braucht klare, unmissverständliche Ansagen. Tiefgehende Diskussionen mit sämtlichen Anwesenden am OP-Tisch oder der Station könnten kontraproduktiv, gar tödlich sein. Ähnlich wäre es, wenn die Hütte brennt, was im übertragenen Sinne bei Krisen der Fall ist. Da geht es nicht darum, alle »auf Augenhöhe« einzubeziehen, sondern Abläufe effektiv zu gestalten, um das Feuer schnell zu löschen. Gemeinsame Entscheidungen sind motivierend. Doch sie müssen zur Situation passen. Es muss jemanden geben, der sagt, wie die Operation laufen und der Hüttenbrand gestoppt werden soll.

»Ich will mich im Job gut fühlen«, lautet ein Standardsatz der Generation Z. Auf mich wirkt das wie ein Versuch, das Kinderzimmer in den Job zu retten, die heile Welt der Kuschelrepublik Deutschland zu bewahren. Z-ler wuchsen oft überbehütet auf, durften überall mitreden und -entscheiden und wollen diese Fürsorge und dieses Behütetsein wie daheim bei Mama und Papa auch im Business. Ihre Helikoptereltern hatten einen Rundumschutzschirm aufgespannt, der die Kleinen vor der bösen Welt schützte. Curling-Eltern wischten die Bahn frei, sodass erst gar keine Probleme für die Sprösslinge entstehen konnten. Diese Generation betrachtet die Führungskraft als Coach, der mit dem Helikopter anreisen und dann das Eis säubern soll. Bahn frei, jetzt komme ich!

VERANTWORTUNG, ABER NICHT FÜHREN

Wenn junge Erwachsene Führung anders interpretieren als in der bekannten Lesart, muss man fragen: Wie stehen sie dann selbst zu Leitungspositionen? »Kaum jemand von den Jüngeren will mehr führen«, klagte die HR-Chefin eines Unternehmens mit rund 24.000 Mitarbeitern ihr Leid. »Wenn wir Leute für Programme zur Führungskräfteentwicklung suchen, sind Jüngere sehr zurückhaltend. Ich höre immer öfter: ›Ja, Verantwortung will ich haben.‹ Aber sobald es um Führung geht, heißt es: ›Das will ich nicht. Das ist mir zu anstrengend, da muss ich ja als Erster kommen und als Letzter gehen und unpopuläre Entscheidungen treffen.‹ Leute unter 30 scheuen jeden Konflikt, weshalb sie nicht Vorgesetzter sein wollen, der Anweisungen gibt und diese durchsetzen muss.«

Auch das höre ich aus allen Branchen: Unternehmen haben Schwierigkeiten, Talente zu überzeugen, sofort oder perspektivisch Verantwortung für ein Team oder eine Abteilung zu übernehmen. Die Studienlage ist indes das Gegenteil von eindeutig. Offenkundig lässt in Deutschland das Bestreben, die Karriereleiter hinaufzusteigen, generell und über alle Generationen hinweg nach. Die Initiative Chef:innensache[50], ein Netzwerk von Spitzenpersonal aus Wirtschaft, Wissenschaft, Staat und Medien, das sich für die Chancengleichheit der Geschlechter starkmacht, legt seit 2018 jedes Jahr einen wissenschaftlich fundierten Report über die Einstellungen der Deutschen zu ihrer beruflichen Laufbahn vor. Er stützt sich auf Civey-Umfragen. 2019 waren 40 Prozent der Männer und gut 34 Prozent der Frauen bereit, eine Führungsposition zu übernehmen. Ein Jahr zuvor hatten noch 45 Prozent der Männer und 37,5 Prozent der Frauen diese Absicht. Im Report 2022 wurde die Frage so nicht gestellt, jedenfalls habe ich dazu nichts gefunden. Allerdings sprechen andere Resultate eine deutliche Sprache: »Etwas mehr als die Hälfte der Erwerbstätigen in Deutschland glaubt, dass beruflicher Erfolg auch ohne Führungsverantwortung möglich ist.« Deutlich wird das auch in der Haltung von Leuten, die schon in Führungsposition sind: Lediglich 29 Prozent streben einen weiteren Aufstieg an. »Jede zehnte Führungskraft würde sogar eine Position mit weniger Verantwortung bevorzugen.«

Auf die Gefahr hin, Sie zu verwirren, präsentiere ich weitere Ergebnisse. Die »Talentstudie 2019« von Universum, einer auf Markenprofilierung spezialisierten Agentur, ergab, dass etwas mehr als die Hälfte der Studenten der Wirtschaftswissenschaften »in erster Linie« anstreben, »Führungskraft mit leitender Funktion« zu werden. Jobvalley, eine digitale Plattform für flexibles Arbeiten, und die Universität von Maastricht präsentierten 2021 eine deutschlandweite Studie mit rund 12.000 im Schnitt 25 Jahre alten Studenten. Rund 68 Prozent der Männer und 55 Prozent der Frauen gaben an, in ihrem Berufsleben eine Führungsposition erreichen zu wollen. Im Mai 2023 brachte die *Süddeutsche Zeitung* eine von LinkedIn initiierte YouGov-Umfrage[51] mit 2500 Menschen zwischen 16 und 28 Jahren. Demnach müsste der Hang zur Karriere wieder größer geworden sein: 60 Prozent erklärten als Ziel, möglichst schnell aufzusteigen. Das Ergebnis widersprach auch an anderen Stellen dem Ruf der Generation Z, etwa was die Bereitschaft zu Überstunden angeht.

Ich traue meinen Augen und Ohren. Die Klagen aus Unternehmen, dass junge Leute keine Lust auf Führung haben, werden lauter und lauter. In einer Befragung anzugeben: »Ja, ich will Karriere machen«, sagt nichts über den Zeitpunkt aus. Dass für die

Generation Z der Gedanke gruselig ist, wie die Eltern und Großeltern in einem Hamsterrad zu landen, erklärt Vorbehalte gegen Leitungspositionen, die sich nur schwer mit dem gestiegenen Bedürfnis nach Freizeit vereinen lassen. Wie verhält sich die von Indeed verkündete Luststeigerung auf Karriere zu dem Wunsch, vier Tage pro Woche zu arbeiten? Das passt nicht unbedingt zu einer Führungsposition, oder? Probiert wird aber auch das schon – wir werden sehen, ob es klappt.

Noch eine Frage treibt mich um: Was verstehen Angehörige der Generation Z unter Verantwortung? Könnte es sein, dass sie frei gestalten und Entscheidungen treffen wollen, ohne Konsequenzen tragen zu müssen, wenn es schiefgeht? So leid es mir tut: Das würde zum Gesamtbild der Gen Z passen. Hinter dem Verzicht auf Führung steckt der Wunsch, es sich hübsch bequem zu machen. Bestimmen zu wollen und dem Chef zu sagen, wo es langgeht; keine Verantwortung zu haben, wenn etwas schiefläuft; zuzuschauen, wie andere scheitern, aber sich im Erfolgsfall auf die Schultern zu hauen, das ist doch typisch für die Generation Z. Agiles Arbeiten und flache Hierarchien werden von jungen Menschen häufig mit Laissez-faire verwechselt, im Sinne von: Jeder tut, was er will. Keiner macht eine Ansage, was zu bewerkstelligen ist und wer es machen soll.

Die Forderung, gefragt zu werden bei Veränderungen, mitzubestimmen und teilzuhaben an Entscheidungen, unterstütze ich. Das oblag in der Vergangenheit in stark hierarchischen Strukturen weitgehend Vorgesetzten kraft ihrer Macht. Seit Jahren predige ich als Change-Expertin: Menschen machen mit bei Veränderungen, wenn sie einbezogen werden und mitbestimmen dürfen. Viele Unternehmen haben sich das zwar auf die Fahne geschrieben, doch leider ist es eher ein Fähnchen, das schlaff nach unten hängt, weil es an einer frischen Brise fehlt. Doch irgendjemand muss Entscheidungen treffen und nachhalten. Die Arbeit will getan werden.

Wäre es nicht so traurig, könnte man über den Treppenwitz lachen. Junge Leute, die sich für Führungspositionen entscheiden, leiden unter dem, was der Generation Z ansonsten Macht verleiht: Personalmangel. Sie müssen dann zusehen, wie sie die Arbeit verteilen und Projekte stemmen, wenn Stellen nicht besetzt (oder gestrichen worden) sind. *Business Insider*[52] berichtete über eine 28-jährige Grafikdesignerin, der es so erging, die bereute, aufgestiegen zu sein, vor allem weil Aufwand und finanzieller Ertrag aus ihrer Sicht nicht in vernünftigem Einklang standen. Der höhere körperliche und zeitliche Aufwand entsprach nicht dem Anstieg des Gehalts. »Ich würde lieber zu dem zurückkehren, was ich vorher gemacht habe, um weniger Stress zu haben und einfach für das bezahlt zu werden, was ich getan habe.«

Sicher werden unzählige junge Leute denken: Der Karrieresprung kann warten. Denn einmal mehr gilt: erst das Vergnügen, dann die Führungsposition. Erfolg definiert die Generation Z ohnehin anders als die Älteren, jedenfalls nicht allein über den Job. Die amerikanische Psychologin und Arbeitsmarktexpertin Michelle King macht das Verhalten jetziger Chefs für die Zurückhaltung der Generation Z mitverantwortlich. »Sie arbeiten an einem Arbeitsplatz, an dem sie den Menschen, für die sie arbeiten, nicht vertrauen.« Sollte das zutreffen, hieße es, dass es an Vorbildern fehlt – es wäre ein Armutszeugnis für ältere Vorgesetzte. Als weiterer Grund für den Karriereverzicht wird zudem der Wunsch vieler junger Leute vermutet, Einfluss zu haben, der im mittleren Management eher begrenzt ist. Hopp oder top – auch das würde passen, schon wegen der Hybris, die in der Generation Z herrscht.

Das Thema Führungspositionen beinhaltet verborgenes Konfliktpotenzial, über das öffentlich kaum gesprochen wird. Und das liegt an Älteren, die an ihren Chefsesseln kleben. Die Unternehmenswelt spricht vom »Prinz-Charles-Effekt« in Anlehnung an das britische Königshaus: Der alternde Thronnachfolger durfte das

Zepter erst in die Hand nehmen, nachdem seine Mutter, die Queen, gestorben war. Vor allem Boomern wird nachgesagt, nicht loslassen zu können, was bei der Generation X für Frust sorgt, da sich ihre Vertreter übergangen fühlen. Schon jetzt gibt es Groll, dass Nachwuchskräften Homeoffice, Gleitzeit und Sabbaticals zugesagt werden und ältere Kollegen umso mehr ranklotzen müssen, um die Lücken zu schließen. Das berechtigte Klagen würde lauter werden, wenn junge Leute auf der Karriereleiter an den geduldig Wartenden vorbeizögen. Die Gefahr der inneren Kündigung dürfte zunehmen, wenn X-ler, die nach oben wollten, aber nicht gelassen wurden, von Jüngeren Anweisungen entgegennehmen müssten. Eine andere Frage aber ist: Wollen Menschen der Generation X überhaupt noch Chef werden? Auch dort hat sich herumgesprochen, dass das Leben nicht nur aus Arbeit besteht. Und dann muss sich erst noch zeigen, ob man sie als »Ältere« überhaupt noch Führungskraft werden lässt.

Von mir aus gerne. Nur sind es eben gerade die Boomer, die in uralten Hierarchiestrukturen denken und verharren, was wiederum feinfühlige Z-ler irritiert, die das Kuscheln mögen und jeden Befehlston verabscheuen. Ältere Chefs, die auf ihren Führungspositionen beharren, werden kaum Interesse haben, junge Talente besonders zu fordern und fördern. Zugleich muss ich sagen: Die Generation Z ist so sehr verweichlicht, dass die Zahl der Frauen und Männer mit Zeug zum Führen im homöopathischen Bereich liegen dürfte.

Wie auch immer: Wir brauchen starke Leader und Entscheider, die Unstimmigkeiten aushalten und als Vorbilder agieren. Was wird aus unserer Wirtschaft, wenn jungen Leuten die Motivation fehlt, nach oben zu kommen, sie keine Verantwortung und damit verbundene Konsequenzen übernehmen wollen? Was passiert, wenn uns die Chefs ausgehen? Dann rutschen wir vom Fachkräfte- direkt in den Führungskräftemangel! Und schon das eine Problem genügt, die deutsche Wirtschaft zu verzwergen.

WO BLEIBT DIE DEMUT?

»Mich stört bei vielen jungen Leuten die irritierende Einstellung zum Job. Es gibt keine Demut mehr. Damit meine ich, dass ihnen eine demütige Haltung guttun würde, wenn wir als Unternehmen etwas Neues anfangen und sie dazulernen können. Doch bei jungen Menschen tritt schnell die Haltung zutage: können wir alles. Sie respektieren das Wissen der Älteren nicht mehr. Sie sehen sich als etwas Besseres an und oft nur das, was sie draufhaben und andere nicht können.«

In der Kritik des CEOs eines mittelständischen Unternehmens zeigt sich der schon früh in die Köpfe der Generation Z eingeimpfte Gedanke der Einzigartigkeit. Wie kann man von der Uni kommen und glauben, alles zu können, frage ich mich. Wenig Demut vor Herausforderungen und fehlender Respekt vor dem Wissen anderer schafft keine gute Lernkultur. Mir fällt dazu das Sprichwort ein: Hochmut kommt vor dem Fall. Arbeiten ist nicht nur eitel Sonnenschein. Ich kenne niemanden, der erfolgreich geworden ist, ohne die berühmte Extrameile zu gehen. Letzten Endes sehe ich nur eine Prognose: keine Leistung. Kein Erfolg. Folge: erfolgloses Deutschland.

TEIL 3

WER, WIE, WAS, WIESO, WESHALB, WARUM?

Nun wissen Sie (hoffentlich), warum junge Leute ticken, wie sie ticken. Bleibt die Frage: Warum agieren sie so und wie kam es dazu? Bei Veränderungen gilt: Widerstand ohne Grund gibt es nicht. Jeder handelt für sich in seinem Kontext sinnvoll. So existiert auch nicht DIE eine Wahrheit, sondern viele unterschiedliche, wie ich es am Beispiel des notorischen Zu-spät-Kommers von Leon geschildert habe.

Die Generation Z ist wie alle anderen Generationen davor und danach von ihren Beziehungen zu anderen Menschen geprägt, anfangs vor allem durch Familie und Freunde, später auch durch äußere Umstände wie Bildung, politische Lage, Vermögen der Eltern und vieles mehr. Dazu gehören Erfahrungen, positive wie negative, und natürlich auch vorgelebte und vermittelte Werte. Alles dies spielt zusammen bei der Entwicklung eines Kindes zum Erwachsenen.

Das Internet ist voll davon, was die Generation Z will und fordert, allerdings lesen wir wenig zu den Hintergründen und Motiven ihres Verhaltens. Doch erst – und nur dann – wenn wir verstehen, warum jemand so ist, wie er oder sie ist, können wir Probleme gemeinsam angehen und lösen, statt nur Charakterzüge und Eigenschaften zu beschreiben. Die Gesellschaft sollte verstehen, woher Anspruchshaltung, Selbstüberschätzung, Ängste, Hypersensibilität und andere Verhaltensweisen in der Gen Z kommen. Auch Unternehmen können damit einen Wettbewerbsvorteil haben und Lösungen finden. Ich lade Sie deshalb ein, mir in die Sesamstraße zu folgen, damit wir klären können: wer, wie, was, wieso, weshalb, warum?

KOLLEKTIVER DAUERKRISENMODUS

Die Anschläge von 9/11, die Finanz- und Staatsschuldenkrise, der Terror des Islamischen Staats, die Flüchtlingswelle(n), der Klimawandel, das Artensterben, die Coronapandemie und die Kriege in der Ukraine und im Nahen Osten: Als Kinder, Jugendliche und Erwachsene haben die Vertreter der Generation Z viele Ereignisse erlebt, die aufs Gemüt schlagen. Früh haben sie erfahren, dass offenkundig nichts stabil ist, weder politisch noch wirtschaftlich. Für junge Menschen im Dauerkrisenmodus ist die Welt der unbegrenzten Möglichkeiten zu einer mit ungewisser Zukunft geworden.

Auch zwischenmenschlich hat die Generation Z eine Menge zu verkraften. Die Corona-Lockdowns zwangen zu bislang unbekannter sozialer Distanz. Kinder und Jugendliche saßen allein vor Laptops, Schule fand daheim statt. Statt Klubs und Feiern hieß es Isolation und Verzicht auf schöne Erlebnisse und Gefühle. Einsamkeit ist gerade für junge Menschen, die die Welt entdecken wollen, schwer zu ertragen. Pubertäres Aufbegehren war nur zu Hause möglich, das Draußen unterlag den engen Grenzen der Coronaregeln. Eltern bemühten sich, ihren Töchtern und Söhnen den 24-Stunden-Aufenthalt daheim so leicht wie möglich zu machen. Dadurch haben sie die Jugendlichen aber emotional umso enger an sich gebunden, was das Abnabeln nur noch schwerer gemacht hat. Die soziale Entwicklung junger Menschen – denken Sie an die Soft Skills – hat infolge der Lockdowns stark gelitten. Ist es da nicht logisch, dass sich Jugendliche schwer damit tun, auf eigenen Füßen zu stehen? Erklärt das den Realitäts-Clash in Ausbildung und erstem Job?

Physische und psychische Erkrankungen nehmen zu

Generell muss man leider sagen: Um die Psyche der Deutschen steht es nicht gut. Zwischen 2019 und 2023 »nahmen depressive Symptome in der Bevölkerung mehrfach zu«, ermittelte das Robert Koch-Institut. Dass unruhige Zeiten junge Leute besonders treffen, hat damit zu tun, dass sie erst noch lernen müssen, mit Krisen umzugehen. Ältere kennen Stress aus dem Berufs- und Privatleben und sind resilienter. Aber auch Erwachsene können sich nicht frei machen von schlechten Erfahrungen und Nachrichten. 2022 reichten Arbeitnehmer unter 30 Jahren so viele Krankschreibungen ein wie nie zuvor. Der Anstieg der Fehltage aufgrund psychischer Belastungen spricht Bände.

Die mentale Gesundheit der Jugend Europas, mit der es laut WHO schon vor der Pandemie nicht zum Besten stand, verschlechterte sich weiter. Wissenschaftliche Untersuchungen bestätigten die Zunahme von Ängsten und Sorgen in der Generation Z. Die COPSY-Studie (COPSY = Corona und Psyche)[53] von 2020 belegte schon im ersten Jahr der Pandemie ein erhebliches Maß an Verdruss. Angst- und Einschlafstörungen nahmen zu. Nur eine zahlenmäßig kleine Gruppe der Generation Z lebte auf: Sie freute sich über weniger Leistungsdruck und das Ausbleiben von Mobbing. Für alle galt: Homeschooling ersetzt den Unterricht vor Ort nur ungenügend.

Stress grassiert überall. Ein Drittel der Generation Z klagt über Erschöpfung, Selbstzweifel und Antriebslosigkeit. Dass die Zahlen in Umfragen konstant und erschreckend hoch sind, hat auch damit zu tun, dass junge Menschen psychische Belastungen wahrnehmen und auch eingestehen. Die Gen Z lebt hier eine Offenheit vor, wie sie ältere Generationen nicht kannten. Bei älteren und alten Bürgern wird der Gang zur Psychologin oder zum Psychiater auch heute noch mit »verrückt sein« gleichgesetzt. Junge Leute finden eine Psychotherapie völlig normal, sie teilen ihre Erfahrungen, um voneinander zu lernen oder zu erfahren, dass es anderen ähnlich geht und sie nicht allein sind. Sie zeigen zudem eine bemerkenswerte Aufgeschlossenheit gegenüber professioneller Hilfe bei mentalen Beschwerden.

Zahlreiche Studien belegen eine Zunahme der Essstörungen bei jungen Menschen insbesondere während der Coronapandemie. Nach der DAK-Sonderanalyse[54] für 2020 litten 10 Prozent mehr Jugendliche an Bulimie sowie Magersucht und 60 Prozent mehr an Adipositas als im Jahr zuvor.

Das Internet wurde und wird zum Sehnsuchtsort. Oft stellt die digitale Welt eine Fluchtmöglichkeit und lieb gewonnene Ablenkung in schwierigen Zeiten dar. So erklärten es immerhin 34 Prozent der Befragten bei einer DAK-Umfrage[55]. Die Coronapandemie hat das Leben der jungen Menschen in zwei Welten verstärkt. Online kennen sie sich aus, besser als ihre Eltern. Da tummeln sich Freunde und viele Influencer. Diese Welt meinen sie zu beherrschen, was natürlich ein Trugschluss ist, denn längst lauern Algorithmen und Cyberkriminalität. Die reale Welt wird durch all diese Entwicklungen nicht unbedingt einfacher handhabbar – und was passiert? Sie rückt oft in den Hintergrund. Jugendliche können ihre Identität zwar im sozialen Netz kreieren, müssen diese aber in der analogen Welt unter Beweis stellen – für andere und sich selbst. Der Wunsch nach Anerkennung und Respekt wird auf gefühlte oder tatsächliche Anforderungen des sozialen Umfelds abgestellt, mit der Folge: Bei der Selbstdarstellung zeigt man sich von der Schokoladenseite. Das alles strengt an und kostet Zeit.

Das große Bedürfnis nach Sicherheit

Wenn alles unsicher ist, Realitäten verschwimmen, Krisen der Normalzustand sind, erfolgreiche Identitäten[56] kreiert und aufrechterhalten werden müssen, führt das zum Wandel von Wünschen und Bedürfnissen. Die Generation Z hat miterlebt, wie vermeintlich stabile Unternehmen und Arbeitsplätze von einem Tag auf den anderen ins Wanken geraten. Deshalb hat das Thema Sicherheit die Poleposition in der Gen Z eingenommen. Hier machen sich die Coronaerfahrungen bemerkbar, als Mutter oder Vater in Kurzarbeit mussten und um ihre Jobs bangten. Deshalb sind der sichere Arbeitsplatz und das Top-Gehalt im Ich-wünsch-mir-was-Ranking weit oben. Auch das Streben der Generation Z nach Flexibilität und Autonomie zahlt auf dieses Sicherheitsbedürfnis ein. Schließlich gilt es, nicht monatelang mit Burn-out auszufallen und die Lebenserhaltungskosten zu decken. Flexible Arbeitszeiten bieten nämlich nicht nur die Möglichkeit, seine Stunden frei zu gestalten, sondern tragen auch zu mehr gefühlter persönlicher Sicherheit bei, weil man sich so nach seinen individuellen Arbeitsbedürfnissen ausrichten kann. Kann man jungen Menschen das verübeln?

Und wie schaut es mit der viel diskutierten Zukunftsangst aus? Die Datenlage ist nicht eindeutig. Es gibt sie überdeutlich – aber auch Optimismus. Weltweit blickt mehr als die Hälfte (56 Prozent) der jungen Leute, die einen Job haben, hoffnungsvoll in die Zukunft, wie eine Studie von Kronos Workforce von 2019[57] ergab. In Indien sind unglaubliche 44 Prozent extrem zuversichtlich, gefolgt von US-amerikanischen Zeitgenossen mit 31 Prozent. Diesem positiven Ansatz steht jedoch eine wachsende Angst vor den Erwartungen an die Arbeit und den Erfolg gegenüber. Das gab es auch schon in früheren Generationen. Manche Dinge wiederholen sich eben einfach.

Im Gegensatz zu den älteren Mitbürgern muss die Gen Z noch ihre Strategien zur Bewältigung gefühlter und echter Bedrohungen entwickeln. Sie sind notwendig, um schwierige Zeiten zu überstehen und Halt zu haben. Eine Methode hat sich schon herauskristallisiert. Sie zeigt sich in einem starken Kontrollmechanismus. Meiner Meinung nach ist das der wesentliche Grund dafür, dass sich die Generation Z nicht »alten« Arbeitsmustern unterwerfen will. Sie will kontrollieren, um sich sicher zu fühlen.

FEHLENDE PERSPEKTIVEN UND PLANBARKEIT

Selten hat das Gefühl vieler junger Menschen jemand so kurz und treffend beschrieben wie die junge Frau, der ich auf einem Workshop zum Generationenaustausch begegnete. Sie sagte: »Schon als Jugendliche hat man mir erzählt: ›Du wirst dein Leben lang arbeiten müssen und eine Rente wird es sowieso nicht für dich geben.‹ Dann frage ich mich: Wenn ich eh immer arbeiten muss, warum sollte ich ranklotzen, geschweige denn über meine Grenzen gehen? Mit mir nicht. Ich mach lieber langsam.«

Das kann man als sehr Ich-konzentriert interpretieren – muss man aber nicht. Einerseits vermisse ich in diesem Statement den Gemeinschaftssinn. Schließlich muss jemand die Renten für die jetzigen Senioren erarbeiten. Und Neid – nach dem Motto: Ihr habt, was wir nicht kriegen werden! – tut keiner Gesellschaft gut. Andererseits verstehe ich die Resignation: Warum sich anstrengen, wenn es zu nichts führt? Oft heißt es: »Die Generation Z lebt, als gäbe es kein Morgen.« Dass dieses Gefühl grassiert, ist überaus verständlich. Die Untergangsstimmung zeigt sich im materiellen Denken. »Mein Haus, mein Auto, mein Boot« war einmal. Ein Gen-Z-Vertreter in dem Workshop berichtete: »Früher konnte man sich ein Haus leisten. Heute ist ein Eigenheim für viele völlig außer Reichweite. Warum also buckeln, wenn sich langfristige Träume eh nicht mehr erfüllen lassen? Da lebt man doch lieber im Hier und Jetzt.«

Wenn langfristiges Planen also sinnlos erscheint, ist es nur konsequent, sich vom Leistungsgedanken zu verabschieden. Wer keine

Träume hat, muss dafür nicht ranklotzen. Wen materielle Werte nicht interessieren, der setzt auf Immaterielles, auf Ideale und das Anderssein. Warum die Wohnung schick machen, wenn sowieso alles den Bach runtergeht? Dann doch lieber schöne Erlebnisse von kurzer Dauer sammeln. Sporadisches und spartanisches Leben ersetzen Luxus und Planung. »Die Generation Z und die Millennials nennen die Lebenshaltungskosten als ihr größtes gesellschaftliches Problem, wobei mehr als die Hälfte der Befragten angibt, dass sie von Gehalt zu Gehalt lebt«, heißt es in einer Deloitte-Studie von 2023[58], die 44 Länder umfasst.

Stimmt: Auch in Deutschland können unzählige junge Menschen von Lohn oder Gehalt nicht wirklich gut leben. Steuern und Inflation fressen viel vom Einkommen auf. Suchen Sie mal in München, Hamburg oder Düsseldorf eine Wohnung bei einem Gehalt von 2500 Euro brutto, kaufen Sie Bioprodukte und sparen Sie nebenbei noch für ein Sabbatical oder eine Weltreise: schwierig. Eine Familie gründen und das Alter finanziell absichern: schwierig. Wenn man sich nichts mehr leisten kann, dann schwindet die Bereitschaft zu leisten. Macht es dann überhaupt noch Sinn, sich mit seiner Arbeit zu identifizieren? Das soll keine Relativierung meiner Kritik sein. Es ist ein wichtiger Teil der Wahrheit.

Die Politik tut ihr Übriges. Es mindert die Motivation zu arbeiten, wenn die familiäre oder staatliche Hängematte parat hängt. Wenn das Bürgergeld nah am Lohn liegt, wie es in vielen Berufen der Fall ist, warum dann die Plackerei? Bei *FOCUS online*[59] las ich über junge Leute, die das Bürgergeld feiern. Ein Influencer, der sich dreist »herr_jobcenter« nennt, wurde so zitiert: »Du musst hart schuften, ich kann Champions League gucken und bei Lieferheld bestellen.« Falls er nicht nur provozieren wollte: Wenn der Typ nicht gelogen hat und sich das Pay-TV für die Spiele der europäischen Fußballelite ohne Arbeitseinkommen leisten kann, haben wir ein krasses Problem. Neben Kritik bekam der Herr Jobcenter auch Zustimmung:

»Dann lasst uns doch alle den Job kündigen und Bürgergeld beantragen, wir arbeiten umsonst«, forderte eine Userin. Und jemand anders kommentierte: »Öffentlicher Dienst, ausgelernt, nur 1600 netto. Danke für nix ... Arbeit lohnt sich nicht mehr.«

Vor einigen Jahren habe ich Empfänger von Hartz IV – Vorgänger des heutigen Bürgergeldes – gecoacht. Neun von zehn lehnten es ab, arbeiten zu gehen, und sagten: Die staatliche Stütze ist etwa so hoch wie der Lohn. Rein rechnerisch verständlich, oder? Wenn da nicht noch andere Faktoren wären wie: Vorbild für Kinder sein, sein Leben gestalten, Möglichkeiten schaffen, Chancen ergreifen. Das Bürgergeld verhindert das. Es bietet keinen Anreiz zur Arbeit und ist unfair denen gegenüber, die brav ihren Job machen, auch wenn das Gehalt mager ist. Die Finanzspritze aus der Staatskasse kann nur gezahlt und erhöht werden, wenn andere jeden Tag ihrem Beruf nachgehen, sich solidarisch zeigen und bereit sind, etwas abzugeben. Auch der Sozialstaat braucht das Prinzip Leistung und Gegenleistung!

In schwierigen Zeiten sollten gerade junge Menschen nicht den Kopf in den Sand stecken. Bei allem Verständnis für die krisengeplagte Generation Z – aber geht es jetzt nicht darum, bei Herausforderungen eine günstige Haltung einzunehmen? Mir fällt das Orchester im Film *Titanic* mit Kate Winslet und Leonardo DiCaprio ein. Das Schiff sinkt, alle geraten in Panik, Chaos bricht aus, jeder will sich retten. Das Orchester indes spielt weiter. Aber nicht als Ausdruck von Resignation. Die Musiker tun das, was sie beitragen können, damit vielleicht doch alle Passagiere auf der *Titanic* eine Zukunft haben. Sie finden selbst im Unglück Sinn in ihrem beruflichen Tun und stellen ihre mögliche Rettung im Interesse der Mitmenschen hintan. Das ist für mich reifes Handeln und zeigt wirkliche Stärke. Ich hoffe, dass sich die Generation Z weniger der Untergangsstimmung hingibt, sondern ruft: Wir lassen uns nicht unterkriegen!

WEIL WIR ES UNS LEISTEN KÖNNEN …

»Die erste Generation schafft Vermögen, die zweite verwaltet Vermögen, die dritte studiert Kunstgeschichte und die vierte verkommt.« Mit diesem Satz brachte Otto von Bismarck Fluch und Segen verschiedener Generationen wenig charmant auf den Punkt. Metaphorisch passt er in unsere Zeit, auch wenn wir trefflich darüber streiten können, wer die vierte Generation ist. Unabhängig davon ist der Kern der Aussage richtig: Eine Generation schafft Werte, Kinder bewahren sie, Enkel und Urenkel betrachten Wohlstand als Normalität und gehen mit dem Erbe um, wie es ihnen beliebt. Richtig ist auch: In Familien fehlt es schon mal an Anerkennung für das vor 30, 50 oder 100 Jahren Geschaffene. Dem, was normal ist, begegnet der Mensch selten mit Respekt. Man nimmt es hin. Frühstücken Sie in Demut? Machen Sie eine vierwöchige Fastenkur, dann werden Sie Kaffee und Marmeladenbrot wieder (mehr) wertschätzen.

Menschen, die Lichtjahre vom Bürgergeld entfernt sind, möchten sich vor allem an den angenehmen Seiten des Lebens erfreuen, in Bismarcks Ausspruch stand dafür die Kunst. Um den Kontostand brauchen sich Vermögende keine Sorgen zu machen. Nehmen wir an, die vierte Generation aus Bismarcks Zitat trägt den Buchstaben Z. Verkommen ist sie nicht. Oder jedenfalls nur in dem Maße wie alle anderen auch. Aber sie hat den Bezug zu den Erbauern ihres sorglosen Daseins verloren und quittiert deren Anstrengungen bisweilen mit Spott und Verachtung. Die Abkehr vom Arbeitsleben der

Eltern ist entschieden: Lieber egoistisch sein, sich stark abgrenzen, weniger Stunden machen im Job und das Leistungsprinzip aufgeben. »Wenn ich so aufgewachsen wäre wie ihr heute, in dieser guten Zeit, wo alles da ist, wo man nur noch warten muss, bis der Alte stirbt, damit das Erbe endlich fällig wird, dann wäre ich auch nicht so fleißig geworden«, sagte Ernst Prost, der ehemalige Chef des Ölunternehmens Liqui Moly, in einem Interview mit *Business Insider*. Sein Vermögen wird auf ungefähr 400 Millionen Euro geschätzt.

Generation Erbe

Materiell gesehen, ging und geht es keiner Generation im Nachkriegsdeutschland so gut wie der Z. Unglaublich viele ihrer Vertreter werden üppig erben. Die Statistik-Plattform Statista gibt den Schätzbetrag, der von 2015 bis 2024[60] bundesweit weitergereicht wird, mit fast 3,1 Billionen Euro an. Diese Irrsinnssumme prognostizierte das Beratungsunternehmen Empirica schon 2015 in einer Analyse für das Deutsche Institut für Vorsorge und Finanzplanung. Schon damals hieß es, dass sich »das Geldvermögen der Deutschen in den letzten 20 Jahren mehr als verdoppelt und in 30 Jahren sogar verfünffacht«[61] haben werde. Das durchschnittlich hinterlassene Vermögen beträgt demnach 363.000 Euro pro Todesfall. Werden die 2 Prozent der allergrößten Hinterlassenschaften herausgerechnet, sinkt die Summe auf 242.000 Euro – immer noch enorm.

Je höher die Hinterlassenschaften und je mehr Begünstigte, desto höher ist die Zahl derjenigen, die es sich leisten können zu faulenzen oder den Berufseinstieg weiter hinauszuschieben. Sterben Mama und Papa, hat man ausgesorgt. Oder weniger Sorgen. Es ist klar, dass die Motivation zur Arbeit sinkt, wenn man – anders als die jungen Leute im Kapitel davor – keine Angst vor dem Blick auf den Kontostand haben muss. Verständlich wird dann auch, warum

Sinnsuche häufig in den Freizeitbereich fällt und nicht ins Berufsleben. Viele Klimaschützer kommen aus gutbürgerlichem Hause und wissen um ihre Herkunft. All das Geld, das unseren Wohlstand und unsere Demokratie sichert, kommt aus harter Arbeit. Wirtschaftswachstum wird dennoch als Bedrohung für die Zukunft kritisiert, weil damit Umweltzerstörung und Ressourcenverbrauch verbunden sind. Die Generation Z bricht mit dem Kapitalismusmodell unserer Tage. Erben von Millionen verschenken Geld. »Schneller, weiter, besser« hat ausgedient. Der Schlachtruf lautet: Das kapitalistische System hat die Welt an die Wand gefahren, nun müssen wir das System gegen die Wand fahren.

Kapitalismus ist doof

Ich lasse mich gerne auf den Gedanken ein, dass die gesamte Gesellschaft Verzicht übt. Es kommt aber auf das Maß an. Die Generation Z predigt Entbehrung. Nur eben selektiv. Verzichtet wird da, wo es gerade passt. Flugverkehr zerstört die Welt. Aber Urlaub in Thailand geht schon mal. Häufig höre ich von meinen Kunden, dass die Gen Z nicht wirtschaftlich denkt. »Junge Teammitglieder wollen die Zahlen, Daten, Fakten im Unternehmen gar nicht wissen«, so die Inhaberin eines mittelständischen Unternehmens. Meist wird damit auch die dahinterstehende Verantwortung abgelehnt, im Sinne von: Das ist dein Ding, du bist die Chefin mit dem fetten Gehalt. In erster Linie handelt es sich allerdings um Ablehnung von Wachstum und Wirtschaftlichkeit. Doch auch Kapitalismuskritik muss man sich leisten können. Wer bei vermögenden Eltern aufwächst, kann Wohlstand leichter ablehnen als jemand, der sich in armen Verhältnissen durchbeißen musste.

Die *ZEIT* versah einen Beitrag zum Thema »Quiet Quitting« mit der wunderbaren Überschrift: »Stell dir vor, es ist Kapitalismus, und keiner geht hin.« Verweigerung überall. Wer den Kapitalismus ablehnt, kann mit dessen Symbolik nichts anfangen, was traditionelle Führung per Weisung und Kontrolle einschließt. Konnten Unternehmen die Generationen Boomer und X noch mit Statussymbolen wie Firmenwagen oder Jobtiteln locken, interessiert das die Jungen kaum. Patriarchen und sonstige alte weiße Männer, die allein entscheiden, besondere Firmenparkplätze sowie Platin-Miles-and-More-Karten besitzen und denen Untergebene wie Lemminge folgen, sind out. Nice sind Wertschätzung, flache Hierarchien und ein familiärer Kuschelfaktor.

Kinder der Generation Z kennen Liberalität aus dem Elternhaus und haben hohe moralische Ansprüche entwickelt. Das wiederum führt nicht selten zu starker Bewertung von Mitmenschen nach moralischen Maßstäben. Ich nehme wahr, dass Mitbürger immer weniger akzeptiert werden, die beispielsweise das Gendern ablehnen oder Dreadlocks bei Weißen nicht als kulturelle Aneignung kritisieren. Plädiert wird in der Generation Z für Vielfalt und Toleranz, gelebt wird das Gegenteil. Unternehmen kriegen das ab: Friss oder ich bin weg! Respektvoller Diskurs auf Augenhöhe ist selten geworden. Dazu müsste erst einmal echte Bereitschaft bestehen, sich mit Argumenten auseinanderzusetzen, komplexe Sachverhalte – gerade ökonomische – verstehen zu wollen und sich selbst zu hinterfragen. Reflexionskompetenz ist in der Gen Z ausbaufähig, gelinde ausgedrückt.

Ich hoffe, Sie verstehen jetzt besser, warum die individuelle Entfaltung bei der Generation Z im Mittelpunkt steht, warum sie ein ganzes Stück weit opportunistisch handelt und stets darauf bedacht ist, persönlichen Nutzen aus etwas zu ziehen. Sie wird noch lernen (müssen): Allein der Bruch mit traditionellen Werten und Lebensformen und entschiedenes Dagegensein reicht nicht. Alles abzulehnen und dafür Anerkennung bekommen zu wollen – ganz schwierig.

GEHT'S NOCH DOOFER?

Irgendwie ist auch das Abitur in Deutschland nicht mehr das, was es einmal war. Spätestens seit der Coronapandemie sind Abi-Bestnoten nichts wirklich Herausragendes mehr. Im Prüfungsjahr 2022[62] hatte jeder vierte Schüler einen Abitur-Schnitt mit einer Eins vor dem Komma, auch die Zahl der Abgänge mit einer glatten Eins sind deutlich gestiegen – trotz aller Klagen über Unterricht außerhalb der Schulen. Doch die Wahrheit ist: Deutschland verblödet, wie nicht nur einschlägige Untersuchungen zeigen. Der neuseeländische IQ-Forscher James Flynn hat herausgefunden, dass der Intelligenzquotient sich prinzipiell alle zehn Jahre um drei Prozentpunkte erhöht. Doch der IQ der Deutschen ist am Sinken, ein Anti-Flynn-Effekt macht sich breit.

Dem Zutun von Eltern an dieser Entwicklung wende ich mich noch zu. Hier soll es zunächst um andere gesellschaftliche Belange gehen. Leider muss ich wieder das Ende des Leistungsgedankens beklagen. Kinder haben prinzipiell Lust, sich gegenseitig zu messen. Wer ist mit dem Puzzle schneller fertig? Wer kann schneller rechnen und rennen? Wer singt schöner? Verzichten wir, wie bei den Bundesjugendspielen, auf Wettbewerb, damit es keine Besseren und Schlechteren mehr gibt? Müssen wir unglückliche Verlierer vor Hänseleien schützen und deshalb Gewinner »abschaffen«? Was macht es mit einer Gesellschaft, wenn es einen Einheitsbrei von Mittelmaß gibt?

Wo es hinführt, wenn Kindern vermittelt wird, dass sie sich nicht anstrengen müssen, dass ihnen alles wie von selbst zufällt, erlebt die Bundesrepublik gerade: Es führt zum Absturz. Belege dafür sind ältere und jüngere Studien zum Stand der Bildung, vor allem die PISA-Erhebung, die im Winter 2023[63] zu Leistungen von Schülern der neunten Klasse veröffentlicht worden ist. Sie erbrachte für Lesen, Mathematik und Naturwissenschaften katastrophale Werte. Fast ein Drittel der 15-Jährigen scheiterte an einfachen Rechenaufgaben. Deutschland verliert auch hier den Anschluss an die internationale Spitze, asiatische und Nachbarstaaten hängen uns ab. Das ifo Institut wertete im November 2022[64] die Daten von internationalen Tests von Jugendlichen aus und kam zu dem Ergebnis, dass 23,8 Prozent der Schüler in Deutschland grundlegende Lese-, Schreib- und Rechenfähigkeiten fehlen. Das bedeutet international nur Platz 30. Besser geht es Schülern etwa in Singapur und Estland.

Erstaunlich fand ich, dass die bildungspolitische Sprecherin der FDP-Fraktion, Ria Schröder, der Politik insgesamt ein Armutszeugnis ausstellte, was vermutlich gar nicht ihre Absicht war. Sie wollte vor allem von der Ampelkoalition ablenken. Von einem weiteren »PISA-Schock« könne nicht die Rede sein, teilte sie mit. »Der Abwärtstrend hat sich bereits vor der Pandemie abgezeichnet. Es ist ein Debakel mit Ansage. Die Länder müssen endlich systematisch gegensteuern.« Wenn das schon vor der Coronazeit klar war, die in Europa Anfang 2020 ihren Lauf nahm, muss man fragen: Warum ist nicht längst genug (oder das Falsche) getan worden, die Misere anzugehen?

Übrigens: Die Pandemie grassierte auch in den Ländern, die im PISA-Ranking weit vor der Bundesrepublik lagen. Mathematik interessiert halt nicht, das Leben findet auf TikTok und Instagram statt. Lesen wird überbewertet, es gibt doch YouTube. Vor allem aber sind es die immer weiter abgesenkten Leistungsstandards, die von mir beklagte Nivellierung, damit alle happy sind. Nur hilft Gleichheit an der Stelle kein Stück weiter. Oder, bitterböse ausgedrückt: Die Schulen sorgen dafür, dass viel zu viele Kinder und Jugendliche gleich sind – nämlich gleich schlecht. Der Psychologe Florian Becker, Professor an der Technischen Hochschule Rosenheim, beklagt »eine leistungsfeindliche Ideologie, die schon Grundschulkindern die Selbstverantwortung aberzieht«. Dem Polit-Magazin *Cicero* sagte er: »Man ist offenbar entschlossen, die Interessen aller anderen zu opfern, damit diejenigen, die besonders leistungsschwach sind, sich besser fühlen. Mir scheint, dass wir eine Gesellschaft geworden sind, die Unterschiede im Erfolg immer weniger erträgt. Alle sollen jetzt gleiche Ergebnisse haben, egal, wie sehr sie sich anstrengen und was sie leisten. Alle sollen jetzt immer gleich erfolgreich sein. Daher soll es keine Noten mehr geben, keinen Wettbewerb.«

Den fassungslos machenden Bericht einer Führungskraft, der lange in mir nachhallte, will ich Ihnen nicht vorenthalten: »Verbindlichkeit und Eigenständigkeit lassen oft zu wünschen übrig. Überraschend viele sind schlicht und einfach dumm und lernen nicht dazu. Dafür sind sie unverschämt und vorlaut. Wir hören andauernd Sätze wie: ›Das hat mir keiner gesagt, darum mache ich das nicht.‹ Vor Ausbildungsbeginn verschicken wir an unsere Azubis eine Einladung, was sie am ersten Ausbildungstag mitbringen sollen. Frau Nickel, Sie glauben nicht, was da alles vergessen wird. Die lesen nicht mal den Brief, weil sie es gewohnt sind, dass Mama und Papa es tun und sich dann kümmern. Schlimm ist auch die Lücke zwischen Eigenbild und Wirklichkeit. Die haben oberflächliches Wissen, aber laufen selbstbewusst und stolz wie Gockel durch die Flure, nehmen sich superwichtig, weil sie von zu Hause gewohnt sind, die wichtigste Person auf der Welt zu sein.«

Eine Leserin meines *Handelsblatt*-Gastbeitrags schrieb über die Generation Z: »Selbst beim Kniffeln brauchen sie einen Taschenrechner, Kopfrechnen funktioniert nicht mehr und ist ein Relikt von gestern.« Ein Vorgesetzter aus dem Handel beobachtete unbemerkt von einem Azubi, wie ein Kunde von diesem ein Rumpsteak von drei Zentimetern Stärke verlangte. »Was weiß ich denn, wie dick das ist«, sagte der Azubi grinsend. Der Kunde zeigte es ihm mit den Fingern.

Früher war längst nicht alles besser – aber anders. Nach den ersten drei Monaten in der ersten Klasse sagte ich, gerade mal sechs Jahre alt, zu meiner Mutter: »Ich kann jetzt alles, ich brauche nicht mehr in die Schule«. Sie entgegnete: »Wenn du nicht ausrechnen kannst, was du als Restgeld bekommst, dann können dich andere beim Bezahlen betrügen.« Das leuchtete mir ein, ich ging weiter zur Schule. Übertragen wir die Restgeld-Problematik auf Deutschland: Was bedeutet es für unsere Wirtschaft, wenn kaum mehr jemand richtig rechnen, lesen und schreiben kann? Mathematische Fähigkeiten sind in vielen Berufen unerlässlich. Sie stärken Problemlösungsfähigkeiten und kreatives Denken. Laut ifo Institut gehen der deutschen Wirtschaft schon jetzt im Jahr rund 70 Milliarden Einnahmen als Nachwirkung schulischer Bildungslücken verloren.

Unter diesen Voraussetzungen ist es kein Wunder, wenn Ausbilder und Professoren beklagen, dass die Qualität der Bewerber für eine Lehrstelle und ein Studium schlechter wird. Die Kandidaten sind im Kopf nicht fit genug, es fehlt an Reife. Schon jetzt gibt es zu viele Abiturienten. Der Druck, auf das Gymnasium zu gehen, ist immens. Vor 15 Jahren gab es 4812 Hauptschulen, am Ende des Schuljahrs 2021/22 waren es nur noch 1757. Weil viel zu viele empowernde und fürsorgliche Eltern ihre Sprösslinge für hochbegabt halten, ist für Tochter und Sohn Abitur ein absolutes Muss. Und schließlich wollen Mama und Papa auch sagen können: Unsere Kinder haben alle studiert.

Zugleich habe ich von einem 50-prozentigen Scheitern in technischen Berufen gehört, da mathematische und sonstige Kenntnisse am Ende der Ausbildung nicht reichten, Maschinen oder komplexe

Anlagen zu bedienen. Die durchschnittliche bundesweite Studienabbruchquote liegt konstant unter 30 Prozent – wenigstens ohne Tendenz zum Schlechteren. Etwa jeder vierte Ausbildungsvertrag wird vorzeitig gelöst, wie das Bundesinstitut für Berufsbildung ermittelte. Je niedriger der allgemeinbildende Schulabschluss war, desto höher ist die Neigung, die Lehre ohne Abschluss zu beenden. Die Wettbewerbsfähigkeit eines Landes ist eng mit der Qualität seiner Arbeitskräfte verbunden. Das ist das Ergebnis diverser Fehlentscheidungen, die aus Deutschland eine Kuschelrepublik gemacht haben.

MAMA UND PAPA WOLLEN NUR DAS BESTE

Valeria spielt mittelmäßig Hockey. Ihre Eltern sind allerdings davon überzeugt, dass die 14-Jährige ein außergewöhnliches Talent besitzt, überhäufen sie mit Lob und erwarten das auch von ihrem Trainer. Klagt die Tochter daheim, dass der Coach sie »zu schnell« ausgewechselt oder kritisiert hat, steht die fürsorgliche Mutter bei ihm auf der Matte und beschwert sich, was den Trainer kolossal nervt, da er Besseres zu tun hat. Verliert die Mannschaft, denkt Valeria, dass die Mitspielerinnen eben nicht ihr Niveau haben – sie müsste eigentlich im Siegerteam stehen.

Die Geschichte ist aus meinem persönlichen Umfeld, ich musste sie deshalb stark verfremden. Das Mädchen heißt anders und betreibt eine andere Sportart. Das spielt aber keine Rolle. Denn es gibt in Deutschland Zehntausende Valerias und Pauls mit überfürsorglichen Eltern, die glauben, ihr Kind sei etwas Besseres, wenn nicht Einzigartiges.

Sie helfen mit dieser Haltung aber nicht, sie schaden: Durch unreflektiertes Loben sind Kinder und Jugendliche nicht in der Lage, ihre Stärken und Schwächen zu reflektieren und realistisch einzuschätzen. Sie leiden unter verzerrter Selbstwahrnehmung. Bei Fehlern denken sie nicht, dass es an ihnen liegt oder dass die anderen besser sind, sondern dass andere einfach Glück haben oder Trainer, Lehrer und gewisse Umstände schuld sind. Ein Stück weit ist das okay, die Realität ein bisschen zu vernebeln. Das machen alle Menschen. Es dient dem Selbstschutz, indem es das Selbstbewusstsein stärkt. Doch ufert die Verzerrung aus, folgt im Erwachsenenalter das böse Erwachen.

Eltern glauben, durch undifferenzierte Lobhudelei und Bestätigung ihre Sprösslinge selbstbewusster, stärker und besser zu machen. Falsch! Genau das Gegenteil tritt ein: Der Mangel an Bewusstsein für eigene Schwächen führt zu blinden Flecken und damit zu einer stetig wachsenden Kluft zwischen Selbst- und Fremdbild. Die Frustrationstoleranz ist gering. Irgendwann treffen die Valerias und Pauls auf einen Trainer, der sich nicht mehr durch die Fanbase ihrer Eltern beeinflussen lässt und rein nach Leistung entscheidet. Da sie keine Kompetenzen entwickelt haben, mit einem Schock umzugehen, schieben sie Frust. Die Eltern können einen anderen Verein finden, aber auch dort werden die Kinder mangels Leistung scheitern. Die Allmachtsfantasien, nahe an der Perfektion zu sein, nehmen sie mit ins Berufsleben. Dann erleben die Prinzessinnen und Prinzen das, was ich in diesem Buch mehrfach als »Realitätsschock« beschrieben habe. Mit differenziertem oder negativem Feedback können sie schlecht umgehen, aus Fehlern schwer und vielleicht nur unter Tränen lernen. Oder sie laufen wieder davon, suchen sich einen neuen »Verein« und erklären: Die anderen waren schuld. Das geht einmal, auch zweimal. Aber irgendwann trifft es ins Mark, dann wird verzerrte Selbstwahrnehmung zum Kraftakt, der in psychischen Störungen enden kann. Die Tragik ist dabei: Valeria und all die anderen Kinder und Jugendlichen, denen es so geht, können nichts dafür. Der Ursprung dieser fatalen Entwicklung liegt in der Erziehung.

Von überfürsorglichen Helikopter- und Curling-Eltern

»Nicht geschimpft ist gelobt genug« – so kenne ich es aus meinem frühen Berufsleben. Nun scheint sich das verkehrt zu haben in: Nicht gelobt ist halb geschimpft. Vielleicht liegt das daran, dass sich Anerkennung und Lob für das eigene Kind für Mütter und Väter gut anfühlen. Positives Denken ist schließlich hip. Helikoptereltern werden von eigenen Ängsten getrieben. Dem Kind darf nichts passieren! Man kennt es doch aus dem Fernsehen, wie schlecht die Welt ist, überall Gefahren lauern. So kommt es zur Überbehütung der Kinder, die mit dem Elterntaxi zur Schule gefahren werden, damit sie nicht dem Hauch eines Alltagsrisikos ausgesetzt sind. Dauerbespaßung ist ein weiteres Phänomen, denn Langeweile soll nicht entstehen. Dabei ist die gerade wichtig, damit Jungen und Mädchen Fantasien und Interessen entwickeln. Doch Helikoptereltern nehmen dem Nachwuchs die Chance, Eigenverantwortung zu lernen, ab, weil sie stets mit ausgebreiteten Flügeln um ihre Kinder kreisen. Sie übernehmen die Kontrolle über den Spross und verhindern so eine gesunde Entwicklung von Selbstkontrolle. Curling-Eltern haben das Ganze weiter auf die Spitze getrieben. Sie »wischen« mögliche Hindernisse schon vorausschauend zur Seite, be- oder überwachen ihre Kinder nicht nur ständig, sondern greifen aktiv ein.

Noch krasser sind die Schneepflug-Eltern, sie sind sogar bereit, mehr oder weniger aggressiv zu agieren. Sie begnügen sich nicht mit der Bitte um Korrektur einer Schulnote, sondern lassen einen Konflikt eskalieren, schreiben bitterböse Briefe, beleidigen Lehrer oder drohen mit Beschwerden bei der Schulleitung etc. Solche Mütter und Väter überwachen Kids bis ins Detail, aber nicht unterstützend. Ihre Absicht ist es, das »perfekte« Kind zu »produzieren«. Zur Not erledigen sie die Hausaufgaben für den Nachwuchs gleich selbst, was bedeutet: Eltern nehmen Kindern das Denken ab. So bekommt der Nachwuchs keine Gelegenheiten, negative Erfahrungen zu machen, Kritik und Konflikte zu erleben und in der Folge Fähigkeiten (Soft und Hard Skills) trainieren zu können, um damit erfolgreich umzugehen. Jedes vierte Kind soll davon betroffen sein, meinen Experten. Viele Studien belegen, dass Überbeschützen dazu führt, dass Erwachsene eine schlechtere Impulskontrolle aufweisen und später auch zu Depressionen neigen.

Vom Drill der Tiger-Eltern

Nicht minder rabiat sind Tiger-Eltern, die allerdings nicht die Außenwelt malträtieren, sondern die eigenen Kinder. Sie treiben und jagen ihre Töchter und Söhne permanent zu Höchstleistungen und setzen dabei auf Druck, Drill und Disziplin. Aaron war schon mit drei Jahren im englischen Kindergarten, obwohl beide Eltern Deutsche sind, und sein Kalender ist voll wie der eines Managers. Der Nachwuchs hat für die Schule zu lernen, »nebenbei« Tennisstunden, Sprach- und Geigenunterricht und Taekwondo. Langeweile steht auf dem Index. Läuft es schlecht auf dem Gymnasium, steht eine Armada von Nachhilfelehrern parat. Tiger-Eltern machen ihre Kinder zum Objekt des eigenen Ehrgeizes. Sie werden in ihren Stärken nur unscharf gesehen und wahrgenommen, müssen überall und bei allem funktionieren, haben keine Chance, Dinge selbst zu entdecken, kreativ und erfinderisch zu werden. Der Druck der Eltern macht Kindern Stress, sie lernen nicht mit Freude. Gegen den eigenen Willen stundenlang am Klavier sitzen zu müssen, übergeht die Persönlichkeit und Bedürfnisse eines Kindes mit der Folge, dass junge Menschen nur noch funktionieren.

Die Komikerin Anke Engelke hat die Entwicklung in einem Sketch aufs Korn genommen, in dem sich Eltern über das Zeugnis ihres Sohnes beschweren, das die Lehrerin »fast perfekt« nennt. Dass sie den Jungen »nur« als einen ihrer »besten Schüler« bezeichnet, betrachten die Eltern als Relativierung der Leistung ihres Sohnes. Sie setzen die Lehrerin so sehr unter Druck, dass sie am Ende zu folgender Korrektur bereit ist: »Malte ist das absolut tollste Kind der Welt und des Universums.« Natürlich ist das bis ins Groteske überzogen. Aber der Sketch überzeichnet nur einen Teil der Realität. Der Kabarettist Dieter Nuhr versuchte ebenfalls, das Thema humoristisch anzugehen: »Früher war es bei Spielen im Sport in der Schule so: Wer scheiße spielt, wird nicht in die Mannschaft gewählt. Doch heute wird auch der Wettlauf abgeschafft. Warum? Weil die einen schneller als die anderen sind. Das ist nicht gerecht. Wir feiern die langsamen Kinder. Denn schnell kann ja jeder.«

Dabei leben wir in Dualität: Wo Licht ist, ist auch Schatten, wo Erfolg ist, ist auch Misserfolg, und wo gute Leistung ist, ist logischerweise auch schlechte. Das gehört zum Leben dazu. Wenn alles gleich bewertet wird, schwächt und demotiviert das die Starken – und spornt die Schwachen nicht an. Am Ende versinken wir im Einheitsbrei der Mittelmäßigkeit.

Eltern sind Fans und beste Freunde

Das antiautoritäre Erziehen hat ein weiteres Phänomen hervorgebracht. Eltern begnügen sich nicht mit der traditionellen Mutter- und Vaterrolle, sondern geben sich – auch öffentlich – als beste Freunde und Fans ihrer Kinder. Auf Instagram finden sich unzählige Beispiele dafür. Ich nenne das den Heidi-Klum-Effekt. 40 Prozent der 14- bis 17-Jährigen in Deutschland gaben 2020 in der gesellschaftlich breit angelegten SINUS-Studie[65] unter Federführung der Bundeszentrale für politische Bildung an, Familienmitglieder als Vorbilder zu haben, Mädchen vor allem Mütter. Wie soll man von einem Idol loskommen? Abnabelung und Abgrenzung sind eine Herausforderung für alle Kinder. Bei derlei enger Bindung mit der Mutter als Ikone sind sie noch schwerer zu bewältigen. Die Verehrung der Eltern kollidiert mit der Ablehnung der Einstellung der Eltern zur Arbeit – auch das kann bei Kindern in einen inneren

Konflikt münden. Wir können nur hoffen, dass Angehörige der Generation Z tiefgehende Freundschaften auch außerhalb der Familie und der Onlinewelt haben, die sie gegenüber dem Druck und der Realitätsverzerrung erden, die in den sozialen Medien stattfindet.

Angesicht all dieser Faktoren und Erfahrungen ist es nur folgerichtig, dass die Generation Z einen stressfreien Lebensstil zum Ideal erhoben hat, dass verwöhnte Jugendliche ihre Ausbildung mehr als Zeitvertreib, Spaßfaktor oder Optionserweiterung ansehen und nicht als Vorbereitung für den Berufsalltag, der ihr Auskommen sichern soll. Oft haben sie keinen Bezug zum Geld entwickeln können, das könnte die hohen Gehaltsforderungen erklären, oder auch, dass sie erst gar nicht im Job erscheinen.

Sie werden mir sicher bei der Behauptung folgen: Unter Eltern mit Hang zur Überfürsorge erleben Kinder nicht, dass man mit Fleiß und Durchhaltevermögen selbstständig Dinge erreichen kann. Denken Sie einmal kurz daran, woran Sie selbst am meisten gewachsen sind. Vermutlich an den Herausforderungen, die Sie gemeistert haben. Was wäre geworden, wenn man Ihnen alles abgenommen hätte und damit auch jedwede Möglichkeit, Fehler zu machen oder punktuell zu »scheitern«? Sie wären vielleicht in dem Gefühl aufgewachsen, besonders klug, talentiert, fehlerfrei, clever und unfehlbar zu sein, und hätten es sich in einer Komfortzone verzerrter Realität gemütlich gemacht. Doch genau die muss man verlassen, um zu lernen. Niederlagen und Kritik sind wichtig, um die Frustrationstoleranz zu erhöhen und sich selbst zu korrigieren und zu verbessern, Verantwortung zu übernehmen, auch für wohlkalkulierte Risiken. Da muss es niemanden wundern, dass nur wenige junge Leute führen und Unternehmen gründen wollen. Eltern, die ihre Kinder – im wahrsten Sinne des Wortes – laufen lassen, ohne ihnen hinterherzulaufen, damit sie bloß nicht stolpern oder von der Schaukel fallen, die zulassen, dass ihre Jungen und Mädchen verrückte Dinge ausprobieren dürfen, haben es als Erwachsene leichter, weil ihr Sicherheitsnetz anders geflochten war: Es bestand aus Ermutigung und Unterstützung.

Bei der Lektüre einer von Ironie gespickten E-Mail eines Lesers musste ich laut lachen. »Eine Generation, die von Helikoptereltern mit Medaillen überhäuft wurde, soll jetzt plötzlich zu Arbeitstieren mutieren?« In der Tat schwer vorstellbar. Wie sollen Kinder, die nicht einmal zu Fuß zur Schule mussten, denen auch sonst alles Mögliche und Unmögliche abgenommen wurde, die Rundumversorgung und Bevorzugung kennen, eine positive Einstellung zur Arbeit entwickeln, Kritik annehmen und Probleme selbst lösen? Jetzt ist sicher auch klar, warum Eltern ihre Sprösslinge zum Vorstellungsgespräch begleiten oder einschreiten, wenn es in der Ausbildung nicht rundläuft. Weil unter diesem Erziehungsstil kommunikative Fähigkeiten – Achtung, Polemik – bis auf Sätze wie »Ich will …« und »Mama, mach du mal« nicht erworben werden konnten, ist es nur logisch, dass die Mutter im Lehrbetrieb aufschlägt und für den Sohnemann spricht. Ich gehe noch weiter und sage: Auf diese Weise werden Kinder entmündigt und egozentrisch. Wer immer im Mittelpunkt steht, neigt schneller zur Egomanie. Empathie und andere sozialen Kompetenzen kommen da automatisch zu kurz. Psychologen der Universitäten von Minnesota, North Carolina und Zürich[66] beobachteten über acht Jahre hinweg Zwei-, Fünf- und Zehnjährige und stellten fest: Kinder von Helikoptereltern haben Schwierigkeiten bei der Emotions- sowie Selbstkontrolle und obendrein schulische Probleme. Andere Untersuchungen zeigen, dass sie als Erwachsene zu Depressionen neigen.

Wenn man so will, hat die Generation Z das Pech, dass gut gemeinte, aber verkorkste Erziehungsstile auf schwierige Zeiten treffen. Die meisten der heute jungen Erwachsenen können nichts für ihr Verhalten und ihre Einstellungen. Die Verantwortung tragen ihre Eltern. Wie sollen Menschen, die in ihrer Kindheit keine Resilienz und Lösungsstrategien erlernen konnten, in Krisenzeiten beruflich erfolgreich sein? Ich kenne eine Reihe sehr starker Unternehmerinnen und Unternehmer. Viele haben aus dem Nichts etwas geschaffen und Großes gemeistert. Sie haben unter schwierigen Umständen durchgehalten und sind Extrameilen gegangen, weil sie ihr großes Ziel vor Augen hatten und hoch motiviert waren. Dieser Ansporn existiert in der jungen Generation nicht mehr oder bestenfalls in Maßen. Wer nie gelernt hat durchzuhalten, wird seine Komfortzone nicht leichten Fußes verlassen. Wer als Kind dauerhaft gehört hat, besonders zu sein, wird keine Kritik ertragen. Die Generation Z verhält sich so, wie sie es gelernt hat.

DIE VERLETZTEN INNEREN KINDER DER GENERATION Z

Erinnern Sie sich an Laura, die Mittzwanzigerin am Anfang meines Buches, die trotz des angenehmen Vorstellungsgespräches und unterzeichneten Arbeitsvertrags am ersten Arbeitstag nicht erschien und nie wieder gesehen wurde? Ich habe lange über diese und auch die anderen Verhaltensweisen der Generation Z nachgedacht und komme zu dem Schluss, dass mir das nicht gerade erwachsen erscheint. Vielleicht kennen Sie den jahrelangen Bestseller von Stefanie Stahl, *Das Kind in dir muss Heimat finden*. Darin geht es darum, verletzliche, innere Kind-Anteile in Erwachsenen zu verstehen, um sich persönlich positiv zu entwickeln. Das Werk fußt auf der Schematherapie des amerikanischen Psychologen Jeffrey Young, die auch ich im Coaching nutze.[67] In diesem Ansatz wird in vier verschiedene Anteile unserer Persönlichkeit – Modi genannt – unterschieden, was dabei helfen kann, Verhaltensweisen von Menschen und damit auch die der Lauras und Leons aus der Generation Z besser zu verstehen.

Im Kind-Modus befinden wir uns, wenn wir sehr starke Emotionen wie Verletzung, Einsamkeit oder Wut erleben. In diesem Zustand werden alte Wunden aus der Kindheit im Erwachsenenalter reaktiviert. Hintergrund ist, dass primäre Bezugspersonen die grundlegenden Bedürfnisse von Kindern nach Bindung, Wertschätzung und später Autonomie und Grenzziehung nicht immer erfüllt haben. Zurück bleiben verletzliche, innere Kinder, die als Erwachsene kindlich reagieren.

Unter dem Eltern-Modus versteht man die verinnerlichten Botschaften, die wir als Kinder von unseren Müttern und Vätern jahrelang gehört haben: Wie wir sein, was wir erfüllen sollten, was an uns nicht gut war etc. Diese Stimmen haben wir so lange in uns aufgenommen, dass sie sich zu einem eigenen inneren Anteil von uns entwickelt haben, obwohl sie gar nicht unsere eigenen sind. Sie spuken ewig in unseren Köpfen herum, kritisieren, was wir (angeblich) schlecht gemacht haben. Der Volksmund nennt das den »inneren Kritiker«. Als Erwachsener in einen verletzlichen Kind-Zustand zu geraten, fühlt sich schlecht an, weshalb wir Bewältigungs-Modi entwickelt haben, die verhindern sollen, in die Fallen der Kindheit zu tappen. In dem Modell wird dies durch das Verhalten von Tieren in Gefahrensituationen erklärt. Ein Hase entgeht dem Jäger, indem er flieht, kämpft oder sich totstellt. Menschen setzen bei Bedrohungen, Verletzungen, Unsicherheiten und Kränkungen auf Flucht, Kampf oder vorgetäuschte Todesstarre.

Stellen Sie sich vor, Sie müssen in Ihrer Firma einen Vortrag halten, haben eine Heidenangst davor zu versagen und sich bis auf die Knochen zu blamieren.

Variante 1: Sie treten die Flucht an und melden sich krank. Die Gefahr ist oberflächlich durch Vermeidung gebannt – aber los sind Sie die Angst nicht.

Variante 2: Sie treten zum Kampf an und sagen Ihrem Chef offensiv: »Den Vortrag halte ich nicht.« Auch hier gilt: Es ist ein Pyrrhussieg, da die Angst vor dem Scheitern nicht gebannt ist. Es versteht sich von selbst, dass Sie auf diesem Weg nie lernen werden, Vorträge zu halten.

Variante 3: Sie unterwerfen sich dem Auftrag Ihres Chefs, um einem Konflikt aus dem Weg zu gehen. Heißt: Sich bedingungslos anpassen und das tun, was erwartet wird. Trotz riesengroßer Angst halten Sie den Vortrag. Sie trauen sich nicht, dem Chef zu widersprechen, und arbeiten alles unter extremem Zeitaufwand akribisch aus, um der Blamage zu entgehen.

Das sind alles Mechanismen, die wir in der Kindheit gelernt und die uns damals geholfen haben, in schwierigen Situationen zu »überleben«. Wenn Eltern permanent Druck ausüben, für ihr Kind planen, sich einmischen, bleibt einem gar nichts anders übrig, als die Flucht anzutreten. Nehmen wir Aaron mit der Tiger-Mama. Durch die überhohen Ansprüche seiner Mutter gerät er in Überforderung und innere Bedrängnis. Seine Reaktion? Er schwänzt die Schule und in seiner Not entzieht er sich, wie und wo es nur geht. Er hat als Jugendlicher noch keine wirkliche Möglichkeit, sich verbal mit der Mutter auseinanderzusetzen. Diese Strategie war als Kind sinnvoll, um zu überleben. Das Problem ist, dass er die gleiche Strategie als Erwachsener unbewusst fortführt. Ein Mensch, der so erzogen worden ist, hat als Erwachsener auch keine Mittel, verbal mit dem Chef in den Clinch zu gehen, und keine reiferen Strategien, einen Konflikt zu entschärfen.

Das Ideal ist der Modus des gesunden Erwachsenen. Er bedeutet eine Haltung, in einer gesunden, erwachsenen Art und Weise mit Herausforderungen und Ängsten erfolgreich umzugehen. In meinem Vortragsbeispiel wäre das, offen mit dem Chef zu reden, Ängste zuzugeben und zu sagen: »Ich fühle mich noch nicht in der Lage dazu.« Wenn der Vorgesetzte kein Idiot ist, respektiert er das und schickt Sie vielleicht ins Coaching, in dem Sie lernen, die Angst, vor sehr vielen Leuten zu reden, zu beherrschen.

Wie Sie sich vorstellen können, ist es alles andere als einfach zu erkennen, ob die Reaktion eines Menschen reif und erwachsen ist oder einer alten, eher hinderlichen Strategie aus der Kindheit entspricht. Es kann ja gesund sein, in bestimmten Situationen Nein zu sagen und die Wünsche des Chefs (nicht) zu erfüllen. Es kommt auf die Perspektive und die Eigenwahrnehmung an. Das Verhalten der

»Klima-Kleber« wird immer wieder als infantil und unreif kritisiert, während sich die Akteure selbst als höchst erwachsen einschätzen, da sie die Klimakatastrophe verhindern wollen.

Natürlich gibt es auch positive kindliche Gefühle und echt unterstützende Eltern. Das Vorgehen in der Schemaarbeit richtet sich danach, Strategien zu vermindern, die menschliches Wachstum begrenzen oder verhindern, weshalb der Fokus auf Negatives in der Kindheit gerichtet ist. Wenn Menschen wie im Vortragsbeispiel Dinge vermeiden oder beim Chef aktiv in den Widerstand gehen, werden sie sich nicht weiterentwickeln, da sie ihre Angst nicht verlieren. Die »Heilung« geschieht in der Form des Coachings immer am verletzten Kind. Es geht darum, die Wunden der Vergangenheit anzuschauen, zu bearbeiten und so weit wie möglich gesunden zu lassen.

Nun fragen Sie zu Recht, warum Sie das alles lesen sollten. Ich bin sicher, das trägt zum Verständnis junger Leute bei. Ich vermute, dass hinter vielen Verhaltensweisen der Generation Z Strategien stehen, das ängstliche und verletzliche innere Kind zu schützen. Angewendet werden Methoden, die Z-ler als Jungen und Mädchen verinnerlicht haben: Konflikte vermeiden durch permanente Flucht oder Pseudokampf. Den Angehörigen der Generation Z fehlen die notwendigen Kommunikations- und Konfliktkompetenzen, lieber gehen sie schwierigen Situationen aus dem Weg bis hin zu totaler Verweigerung, wie es NEETs tun. Das Problem ist: Je mehr wir vermeiden, desto schwieriger wird es, wieder einen Zugang zur Arbeit oder zu was auch immer zu erlangen. Das wissen wir von Langzeitarbeitslosen. Je länger ein Mensch raus ist aus dem Berufsleben, desto mehr Ängste entwickelt er vor der Rückkehr. Wenn ein junger Mensch nach kritischem Feedback schmollend das Weite sucht, spricht einiges dafür, dass es sich um Vermeidung handelt. Aktiver Widerstand aus der Generation Z heißt also Kampf. Deshalb lehnt es der Azubi ab, Reifen aufzuziehen, fährt die junge Mitarbeiterin ihrem Chef über den Mund und heißt es allerorten: »mit mir nicht!« Bei einer solchen Strategie findet kein erwachsenes Abwägen des Für und Wider statt. In Wahrheit steckt dahinter Angst vor dem Scheitern, einer Blamage und einem bestimmten Lebensthema.

Das Bedürfnis nach starker Abgrenzung zum Arbeitgeber ist ein Hinweis, dass es jungen Leuten an Bindung fehlt, was eine Folge von Überprotektionismus im Elternhaus sein kann. Den Übergang vom starken Verhaftet-Sein in familiären Strukturen hin zum Arbeitgeber bezeichnen Psychologen als Schwellensituation, die hohe Anforderungen an Jugendliche stellt. Unsicher gebundene Kinder, wie man sie in der Psychologie nennt, haben oft Angst, vom Gegenüber nicht angenommen und verlassen zu werden. Wer sich nicht auf eine Beziehung einlässt, kann nicht enttäuscht werden. Auch das ist ein Beispiel dafür, dass hinter einem auf den ersten Blick sehr schroffen, ablehnenden Verhalten ein bindungsunsicheres verletztes inneres Kind steht.

Ich möchte mich hier ausdrücklich und entschieden gegen etwaige Vorwürfe der Pathologisierung verwahren. Es sind sehr wohl gesunde Verhaltensweisen in der Generation Z zu sehen, von denen wir allesamt lernen können: Burn-outs und Herzinfarkte im Zusammenhang mit der Arbeit zu vermeiden, ist richtig. Entscheidend ist das Ausmaß des Widerstandes. Sich gegen Belastung im Job zu wehren, kann nicht bedeuten, bei jeder erbetenen Überstunde laut aufzuschreien und in ein extremes Anspruchsdenken zu verfallen. Ein gesundes, abgrenzendes Verhalten heißt eben auch, die eigenen Bedürfnisse gegen die des Arbeitgebers und die der Gesellschaft abzuwägen und nicht nur das eigene Ego in den Vordergrund zu stellen.

Die meisten Eltern geben ihr Bestes in der Erziehung – gut meinen es ohnehin alle, weil sie wollen, dass aus ihren Kindern etwas wird. Wir wissen zudem: Die perfekte Erziehung gibt es nicht. Helikopter-, Curling-, Schneepflug- und Tiger-Eltern haben in der Regel keine Vorstellung davon, was sie anrichten und welcher Mangel an gesunden und erwachsenen Verhaltensweisen daraus resultieren kann. Gerade deshalb muss Deutschland offen über die Folgen dieser Erziehungsmethoden diskutieren. Es ist wichtig, Bedürfnisse von Kindern zu achten und sie vorbehaltlos anzunehmen, damit sie sich entwickeln können und eine Chance haben, dem Kind in sich Heimat zu geben.

TEIL 4

UND JETZT? WELCHE LÖSUNGEN GIBT ES?

Wir könnten weiter seitenweise über eine Generation klagen, schimpfen und wütend sein. Doch was hilft's? Der erhobene Zeigefinger allein bringt nichts. Ich hoffe, allen hat es gedämmert: Es gibt viel zu tun, die Generationen zu versöhnen. Notwendig sind brauchbare Lösungsvorschläge für die gesamte Gesellschaft, allen voran Unternehmen, Politik, Erziehung und Bildung. Dass die Generation Z ist, wie sie ist, hat mit der gesellschaftlichen Gesamtsituation in Deutschland zu tun. Unser Wohlstand ist in Gefahr! Das aber der Gen Z in die Schuhe zu schieben, wäre genauso grotesk wie ihr die Last aufzubürden, die Zukunft des Landes im Alleingang zu sichern.

In einer Umfrage der Beratungsagentur Zeam[68] und des Marktforschungsinstituts Appinio, über die die *Wirtschaftswoche* berichtete, erklärte ungefähr ein Viertel der rund 1000 Teilnehmer zwischen 16 und 25 Jahren, sich im Job nicht ernst genommen zu fühlen. »Für 72 Prozent ist klar, dass es nichts mit ihren Fähigkeiten zu tun hat, sondern nur aufgrund ihres Alters passiert«, erklärte Zeam dazu auf LinkedIn. Das heißt, junge Leute fühlen sich von oben herab behandelt und mit ihren Ideen abgekanzelt. Das geht nicht! Selbst wenn man aufgrund der Hyperemotionalität in der Generation Z annehmen kann, dass die Wahrnehmung nicht unbedingt der Realität entspricht, ist klar: Der Prozentsatz ist zu hoch! Und das Gefühl, allein wegen der Lebensjahre abgewertet zu werden, muss auch am Verhalten älterer Kollegen liegen. Das kann nur heißen: Wir müssen alle unseren Beitrag zu einem besseren Miteinander von Alt und Jung leisten. Wer ehrlich über die Anliegen der Generation Z reflektiert, wird wie ich zu dem Schluss kommen: Sie ist ein enorm wichtiger Treiber des Wandels der Arbeitswelt.

Eine befreundete Geschäftsführerin, mittlerweile Mitte 30, schrieb bereits vor mehr als einem Jahrzehnt ihre Masterarbeit über den illustren Fachkräftemangel. Er ist also kein Geheimnis. Da die geburtenstarken Jahrgänge in Rente gehen, werden dem deutschen

Arbeitsmarkt bis 2036 summa summarum fast 13 Millionen Menschen abhandenkommen – laut Statistischem Bundesamt sind das 30 Prozent derjenigen, die 2021 erwerbstätig waren. Seit den Siebzigern ginge ohne Einwanderer nichts in Fabriken, Stadtreinigungen, Supermärkten, Nah- und Fernverkehr, Handwerk, Senioren- und Pflegeheimen. Viele Unternehmen glaubten zu lange, dass Maschinen das Problem lösen würden und es auf die Generation Z gar nicht so sehr ankomme. Sie haben kollektiv geirrt.

Bei der Lektüre der letzten Seiten dieses Buches werden Sie merken, warum ich sage, dass die jungen Leute dem Arbeitsmarkt viel Gutes bringen. Denn viele Wünsche der Z-ler – etwa in Bezug auf Führung, Flexibilität und ehrliches Feedback – sind inzwischen Forderungen aller Generationen. Entscheidend ist die Frage: Wie können wir neue Lust auf Leistung und Arbeit erzeugen? Bei der Antwortsuche können wir keine Generation ausklammern, schon gar nicht die Z – nach der Devise »Macht es wie wir, die Generation Burn-out«.

Doch wo fangen wir an? Nach meinem Dafürhalten schon beim Begriff der Arbeit, der in unserem Land schlecht besetzt ist. Arbeit ist etwas, das man tun *muss* und nicht *will*. Ein typischer Satz lautet: »Ich kann nicht, ich muss arbeiten.« Sprache prägt unser Denken und Handeln. Und *müssen* ist nun mal das Gegenteil von *freiwillig*. Wo Zwang herrscht, ist die Opferhaltung nicht weit. Schon am Montag heißt es zwischen Flensburg und Füssen, Aachen und Görlitz: Wann ist Freitag? Der deutsche Sozialstaat trägt ebenso zur Lustlosigkeit bei. Denn ehrlich: Niemand muss schaffen in Deutschland, die soziale Hängematte ist weit gespannt und fängt nicht nur Bedürftige auf, sondern auch die, die null Bock auf Arbeit haben.

Der in Sachsen geborene Anthropologe Frithjof Harold Bergmann hat die »New Work«-Bewegung gegründet. Eineinhalb Jahre vor seinem Tod gab er im November 2019 der *ZEIT*[69] ein Interview, in dem er seinen Ansatz begründete:

»Ich wollte diesen Zwang abschaffen, und dabei kam mir die Idee, eine Arbeitskultur zu entwickeln, die Menschen das tun lässt, was sie wirklich wollen, anstatt dass sie es tun müssen.« Denn: »Arbeit kann etwas Wunderschönes sein, die Grundlage eines sehr erfüllten Lebens. Doch in unserer Kultur gibt es so eine tief verwurzelte Tradition, die verbietet, Arbeit überhaupt als Genuss wahrzunehmen.«

Nehmen wir ihn beim Wort und bringen wir seine Gedanken in Unternehmen. Arbeit kann uns Stolz und Selbstachtung geben. Eigenverantwortung tut gut. Wer in Patchworkfamilien aufwächst, ist das Mitentscheiden von Kindesbeinen an gewohnt. Junge Leute wollen autonom handeln, suchen Freiräume zum Gestalten, auch in der Absicht, etwas zu bewegen. Die Zeit fetter Dienstwagen und Gewinnmaximierung um ihrer selbst geht dem Ende zu. Im Kommen ist der »Happiness Approach« (Glücksansatz), bei dem Unternehmen gezielt Maßnahmen ergreifen, damit Beschäftigte ihr Glück im beruflichen Schaffen nicht länger durch Erhöhung der Boni, sondern durch Anhebung des Selbstwertgefühls finden. Ich bin eine große Anhängerin der Idee, Arbeit so zu gestalten, dass sie erfüllender wird. In Führungspositionen bedeutet das auch, achtsam zu sein und Mitarbeiter gezielt zu fördern, denn meist bringen gelebte Stärken Glücksmomente mit sich.

Also: Schluss mit der Jammerei und der Laberei, gehen wir es an! Ich bin dabei, wohl wissend, dass es sich um eine Baustelle handelt, die es mit dem Berliner Großflughafen aufnehmen kann. Nach einer Faustregel benötigen Konzerne in Deutschland rund sieben Jahre für einen Kulturwandel. Wenn ich als Beraterin unterwegs bin, frage ich schon einmal: »Haben Sie auch vor der Coronapandemie Homeoffice gemacht?« So gut wie nie bejaht es jemand. Die Pandemie brachte die Dringlichkeit mit sich, flexibler zu werden. Plötzlich ging im Eiltempo, was vorher Ewigkeiten dauerte. Wieso braucht es erst immensen Druck, damit sich Deutschland bewegt?

Wir wiederholen die immer selben Fehler, scheinbar auch jetzt wieder. Statt den »New Work«-Gedanken endlich umzusetzen, stecken wir Kraft und Zeit in die Utopie, die Viertagewoche flächendeckend einzuführen. Arbeitszeitverkürzung mit einer Lohnerhöhung kann sich nicht jedes Unternehmen leisten. Vor allem kann das nur klappen, wenn auch Prozesse optimiert werden und im gleichen Atemzug die Unternehmenskultur angepasst wird. Das Land kann sich nicht länger vor Reformen drücken. Wer verkrustete Modelle von Hierarchie und Führung nicht endlich beerdigt, den bestraft die Generation Z mit Abwesenheit. Sobald das alle verstanden haben, sind wir einen Riesenschritt weiter.

FÜR ALLE KLUGEN UNTERNEHMEN

»Was auch immer du tust, tue es klug und bedenke das Ende.« Die Weisheit stammt aus dem spätmittelalterlichen Werk *Gesta Romanorum* (Taten der Römer), einer Sammlung alltagstauglicher Sinnsprüche. Wer wollte ihr widersprechen? Kluges Handeln sollte stets umfassend sein, den Anfang, die Mitte und das Ende einschließen. Was heißt das für die Gesellschaft und speziell Arbeitgeber? Zunächst sollten Wünsche und Forderungen der Generation Z ernst genommen werden. Das soll nicht bedeuten, Ansprüche wie exorbitante Gehaltsvorstellungen oder Nonstop-Homeoffice rundum zu befriedigen, sondern für junge Leute bei – und trotz – allem Unverständnis über bizarres Verhalten auch Verständnis aufzubringen. Meiner Meinung nach gibt es Anliegen der Generation Z, die Unternehmen auf dem Weg zu »New Work« weiterbringen, die allen nützen und schon deshalb berechtigt sind. Die vielerorts noch gängigen Verhältnisse mag man romantisierend als »traditionell« verteidigen nach dem Motto: Wir Älteren sind so toll mit unserer Einstellung zur Arbeit. Aber zur Wahrheit gehört ebenso: Sie ist überholt. Die Generationen X und Babyboomer sind heimisch in einem ziemlich ungesunden System, das mit seinen Hamsterrädern und patriarchalischen Führungsstrukturen aus der Zeit gefallen ist. Die Generation Z hat eine Dringlichkeit geschaffen, die Unternehmen zum Handeln zwingt. Was können und müssen sie tun?

Schlechte Führung fällt jetzt auf

Eine Führungsinventur wäre ein guter Start. Wir brauchen ein neues Mindset, das wertschätzende, emotionale Führung lebt und nicht nur darüber spricht oder so tut als ob. Kreide fressen hilft nichts, denn Menschen merken, wenn ihnen Interesse an ihrem Befinden vorgegaukelt wird. Nur die Website mit Floskeln über »New Work« vollzuschreiben, geht nach hinten los, wenn Versprechen nicht eingelöst werden. Die Generation Z pocht darauf, dass Zusagen eingehalten werden. Die Zeiten brüllender und mobbender Chefs sind definitiv vorbei – nur leider haben es noch nicht alle Firmen gemerkt. Vorgesetzte, die sich als unfehlbare Götter sehen, sind vom Aussterben bedroht, der alte Führungsstil mit der Abkürzung ZDF, der allein auf **Z**ahlen, **D**aten, **F**akten basiert, hat genauso ausgedient wie misstrauisches Mikromanagement. Kontrolle von Mitarbeitern wird sowieso überschätzt, gerade im Homeoffice. Kontrolle ist gut, Vertrauen besser. Nötig sind Führungskräfte, die es schaffen, gelingende Beziehungen aufzubauen. Dann klappt es auch mit der Generation Z. Für junge Leute ist gutes Beziehungsmanagement des Vorgesetzten das A und O, damit sie sich verstanden und gesehen fühlen. Gelingt es, kommt das auch den anderen Generationen zugute. Als Führungskraft spielt man den Mitarbeitern nicht vor, sie zu verstehen, sondern nimmt die Haltung ein, verstehen zu wollen, inspirierend und unterstützend zu sein – und zwar in dankbarer Haltung. In einer Leitungsposition zu sein, heißt, Leute zu entwickeln. Das setzt die Kunst der Selbstkritik voraus. Mein Mentor Jens Corssen plädiert dafür, in der Rolle des »Selbst-Entwicklers vom Wissen zum Wollen und vom Wollen zum Tun zu gelangen«.

Gute Führung kann viel bewegen. Nicht umsonst wird gesagt: Menschen kommen wegen des Unternehmens und verlassen es wegen des Vorgesetzten. In Umfragen steht der Punkt »schlechter

Chef« immer oben im Ranking für den Grund einer Kündigung. Ein Wunsch, den jeder versteht und der bei Nichterfüllung zu Frustration führt. Wenn ich in Führungskräftetrainings die Teilnehmer einschätzen lasse, wie viel Prozent ihrer Arbeit sie für das eigentliche Führen verwenden, höre ich oft: 10 bis 20 Prozent. Dahinter kann menschliche Distanz zwischen Vorgesetzten und Mitarbeitern stecken. Das Hauptproblem ist allerdings, dass Chefs so stark ins operative Geschäft eingebunden sind, dass sie keine Zeit haben, um die Leitungsposition mit Leben zu füllen. Dieses Modell hat ausgedient. Aufgabe ist also, emotional geeignete Führungskräfte auszusuchen, die es schaffen, in Beziehung zu gehen und gutes Teamwork zu gestalten. Dadurch würde ein sehr wichtiges Bedürfnis der Generation Z erfüllt werden.

Ein weiteres antiquiertes Konzept muss beerdigt werden: den fachlich Besten zur Führungskraft zu machen. Experten, die in ihrem Gebiet glänzen, tun sich zwischenmenschlich nicht immer leicht, sie versagen als Vorgesetzte. Schlimmstenfalls gewinnt ein Unternehmen eine schlechte Führungs- und verliert eine superbe Fachkraft. Eine mögliche Lösung des Dilemmas ist eine Doppelspitze aus Frau und Mann. Das könnte obendrein ein Anreiz sein, Angehörige der Generation Z in Leistungspositionen zu locken. Wenn sich Führungslast und -lust auf zwei Personen verteilt, kann das Ganze flexibler gestaltet werden, womöglich auch in Teilzeit. Außerdem ist gut möglich, dass die eine mit einem Teil der Beschäftigten besser kann, der andere mit dem Rest des Teams.

Richtiges Feedback, bitte

Ob Einzel- oder Doppelspitze, Mann oder Frau: Wertschätzung, Verbindlichkeit sowie Transparenz sollten wahrhaft gelebt werden. Junge Menschen wollen wissen, wo sie stehen, und eine zugewandte

Haltung spüren. Dann sind sie eher bereit, auch Kritik anzunehmen oder Überstunden zu leisten. Gerade beim Feedback gibt es viel zu tun. Bedauerlicherweise geben Führungskräfte selten konstruktiv Rückmeldungen – und das auch noch im überkommenen Von-oben-herab-Stil, den junge Leute hassen wie die Pest. Wenn eine Generation zart besaitet ist, kann aufbauendes Feedback Vertrauen schaffen, auch wenn ich natürlich weiß, dass das bei Hypersensiblen immer eine Gratwanderung bleiben wird, denn kein Manager kann Jahre falscher Erziehung ausmerzen. Aber es sollte wahrlich kein Problem sein, schnell zu kommunizieren und zu reagieren, wie es die Gen Z aus dem Internet gewohnt ist.

Ein großer Fortschritt wäre, wenn Führungskräfte kapieren würden, dass Feedback eben nicht heißt: »Das hast du gut gemacht.« Oder: »Das hast du schlecht gemacht.« Das eine ist Lob, das andere Kritik, aber in jedem Fall keine hilfreiche Rückmeldung. Die wohl wichtigste Regel für Feedback lautet: Es muss von wertschätzender Haltung geprägt sein, auch wenn es negativ ist. Wenn junge Menschen einen Job anfangen, sollten Vorgesetzte die ersten Wochen so viel wie möglich mit den Neulingen reden und fragen, ob die Kommunikation ausreicht. Das kann anstrengend sein, gerade bei Prinzessinnen und Prinzen aus verwöhntem Hause – doch was ist heutzutage noch einfach? Es reichen kurze Feedbackgespräche oder -loops. Junge Menschen suchen und brauchen das verbale Pingpong, um zu wissen, wo sie stehen. Es ist unabdingbar, hier anzusetzen. Unternehmen, die nur Jahresgespräche mit ihren Mitarbeitern durchführen, können es auch gleich lassen.

Ganz einfach und doch so schwer: zuhören, um zu verstehen, und nicht, um zu antworten! Kommunikation ist keine Einbahnstraße. Auch hier muss wahres Interesse am Menschen ausschlaggebend sein. Handwerksbetriebe leben seit Jahrzehnten vor, wie es gehen kann: Sie setzen auf enge persönliche Beziehungen zwischen Meister und Gesellen sowie auf den Aufbau eines familiären

Klimas. Das heißt lange nicht, dass alle nur noch kuscheln und es keine klare Delegation mehr gibt.

Mehr Inspiration statt Kontrolle

Mein Gott, wie oft tönt es aus Unternehmen: Wir brauchen eine bessere Fehlerkultur – und nichts passiert. Obwohl wir wissen, dass Innovationen erst nach dem Trial-and-Error-Prinzip gelingen. Es gibt eine globale Bewegung der sogenannten »Fuck up Nights«, in denen Firmengründer vom Scheitern berichten, um andere zu ermutigen und zu zeigen, dass persönliche Niederlagen keine Schande sind und das Leben (trotzdem) weitergeht. Bei uns ist der Trend noch nicht so richtig angekommen, was mich nicht überrascht: Er passt nicht zu einem Land, das sein Image von Gründlichkeit und Perfektion wie einen Fetisch pflegt. Zeit wird es allerdings: Nach meiner Erfahrung könnten hierzulande sogar »Fuck up Weeks« zelebriert werden. In vielen deutschen Firmen herrschen desaströse Zustände beim Thema Fehlerkultur. Bei einer Firmenveranstaltung, bei der ich als Keynote-Speaker auftrat, ging es darum, Mitarbeitern nahezubringen, dass man auch scheitern darf. Ein Akrobat brachte ihnen Jonglieren mit drei Bällen bei. Das war ein passendes Bild: Lernen wir Neues, machen wir Fehler, die nicht gleich zum Untergang der Menschheit führen. Wie beim Jongliertraining fallen Bälle auf die Erde, werden wieder aufgehoben – und gut ist. Den Teilnehmern machte das Ganze sichtlich Freude. Ein Videoteam hielt die Veranstaltung für Mitarbeiter, die nicht teilnehmen konnten, fest. Ein Vorstandsmitglied sagte zu ihnen: »Gehen Sie weiter, ich möchte nicht gefilmt werden, wenn mir die Bälle runterfallen.« Er präsentierte sich als Spielverderber, schlechter Verlierer und Angsthase, der nicht wollte, dass sein »Scheitern« für alle Zeiten auf Video festgehalten wird. So verschaffen sich Chefs keinen Respekt bei

Mitarbeitern, erst recht nicht bei der jungen Generation. So wird man nicht zum Vorbild. Doch genau die brauchen wir.

Führungskräfte müssen die Größe haben, Fehler zuzugeben, sie müssen sich zeigen und nahbar sind. Ein Vorgesetzter muss nicht überall der Beste sein, aber seine Stärken und Schwächen kennen. Und er sollte nicht zwingend nach Perfektion streben. Denn damit macht er sich unter Umständen zum Feindbild, erst recht, wenn er versucht, die hohen Ansprüche an sich selbst zum Maßstab bei seinen Leuten zu machen. Das schafft Aggression – aber keine Bindung. Junge Talente lieben Führungskräfte, die wahrhaftig sind und nicht immer perfekt erscheinen, die begeistern, inspirieren sowie Sinn und Zweck ihrer Entscheidungen nachvollziehbar vermitteln. Menschen müssen verstehen, warum sie etwas tun sollen und wofür – das steigert die Motivation. Inspiration gelingt nicht über noch so gute Zahlen, sondern vor allem über positive emotionale Botschaften. Seit vielen Jahren bringe ich Führungskräften »Storytelling« und »Emotional Leadership« bei. Diese Skills sind für die Generation Z unabdingbar. Junge Menschen wollen Perspektiven für die eigene Entwicklung aufgezeigt bekommen. Auch hier macht sich das schnelle Tempo der sozialen Medien bemerkbar. Z-ler wollen ständig neue Erfahrungen machen. Führungskräfte müssen einschätzen können, ob es sich um bloße Sprunghaftigkeit handelt. Wenn nein, ist Unterstützung angesagt. Fordern kann auch Herausfordern sein. Zutrauen ist genauso wichtig wie Vertrauen. Du schaffst das!

In Unternehmen hapert es gewaltig daran, Beziehungen zu Mitarbeitern aufzubauen und zu pflegen. Die unsäglichen Symbolfotos auf Websites von Unternehmen, auf denen junge Menschen total glücklich um einen Tisch sitzen, müssen dem Realitätsabgleich Stand halten – sonst sind Bewerber oder Neueingestellte ruckzuck wieder weg. Lieber von Anfang an ehrlich sein und nichts vortäuschen. Die eigene Unternehmenskultur zu verherrlichen, erschwert das Recruiting. Firmen, die es schaffen, dass sich junge Leute im Kennenlerngespräch wohlfühlen, haben es leichter. Bewerber zu grillen war gestern. Das heißt nicht, windelweich oder devot aufzutreten. Denn genauso wichtig ist es, offen über Anforderungen an Mitarbeiter zu sprechen. Und natürlich gilt auch schon für das Bewerbungsgespräch: konstruktives Feedback geben und nicht Ewigkeiten mit der Zu- oder Absage warten. Zwischen Zusage und erstem Arbeitstag unbedingt in gutem Kontakt bleiben, um einen Absprung zu vermeiden. Das kostet Zeit. Aber noch mehr Stunden gehen drauf, einen Recruiting-Prozess neu zu starten.

Generation Z als Booster des Kulturwandels

Klasse wäre mehr Innovation auf dem Weg zu »New Work«. Zu klären, was ein Unternehmen will und was nicht (mehr), sollte Sache der ganzen Belegschaft sein. Sie einzubinden, ist entscheidend für ein Wir-Gefühl. Menschen, die gefragt und einbezogen werden, lassen sich viel mehr ein und sind loyal(er). Das Zauberwort lautet Co-Creation, kreative Kollaboration. Unternehmen sollten Formate schaffen, bei denen Vertreter der Generation Z mit am Tisch sitzen, damit nicht nur *über* sie, sondern *mit* ihnen geredet wird. Es würde signalisieren: Wir nehmen euch ernst, hören zu und schätzen eure Ideen. Das gilt natürlich auch für ältere Beschäftigte. Aber die Z ist nun mal die Generation der Hypersensiblen. Co-Creation schließt ein, Führung als Dienstleistung zu interpretieren, was heißt, dass Vorgesetzte ihre Leute fragen können: Wie wollt ihr geführt werden? Was braucht ihr, um euch anerkannt und motiviert zu fühlen?

Firmen, die junge Leute halten wollen, lassen sie von einem Mentor begleiten. Waren Sie, wie ich auch, schon mal in einem neuen Job leicht verloren ob der vielen Eindrücke? Ein Mentor, an den man sich vertrauensvoll wenden kann, hilft, das merkwürdige

Gefühl zu vertreiben. Auch mit Reverse-Mentoring machen Firmen gute Erfahrungen: Die einen teilen ihre Erfahrungen und ihr Wissen mit den anderen, am besten Jung und Alt. Nicht umsonst heißt es: Wissen mehrt sich, wenn man es teilt. So erfahren alle Generationen Anerkennung und Wertschätzung. Gutes Coaching hat das Zeug zum Einstieg in »Happiness Approach«. Es ist die beste Methode, wenn es um die Führung der Zukunft geht. Oder noch zugespitzter: Wer die Generation Z halten will, muss coachen. Wenn der Arbeitsplatz geprägt ist von einer vertrauensvollen und respektvollen Zusammenarbeit, steigt die Bindung zum Arbeitgeber und auch das Sicherheitsgefühl für junge Menschen.

Ihnen wird eventuell der Gedanke gekommen sein: Sehr neu ist das alles nicht, was die Nickel da schreibt. Stimmt! Aber das macht es umso schlimmer. Die Mittel sind längst da. Trotzdem ist der Weg zu »New Work« voller Hindernisse und laaaaang. In Deutschland hapert es bekanntlich beim Zusammenspiel aus Erkenntnis und Umsetzung. »Wir müssten mal …, wir könnten mal …«, höre ich überall. Dann denke ich im Stillen an den legendären Psychiater Fritz Perls, der im 20. Jahrhundert die Gestalttherapie entwickelt hat. Er nannte es »Mind Fucking«, wenn Patienten redeten und redeten, viele gute Gedanken äußerten, aber nichts taten und änderten. Also nicht schwatzen, sondern handeln und die Generation Z als beschleunigenden Katalysator für Wandel sehen!

Unternehmen als Reparaturbetriebe für Eltern

Kinder der Generation Z wurden von ihren Eltern wie gleichberechtigte Partner behandelt, Mütter und Väter waren mehr Coaches als Erziehungsberechtigte, wenn auch mit Hang zur Überbehütung und Überforderung. Deshalb steckt meiner Meinung nach hinter dem Wunsch »Ich will einen Coach!« der Ruf nach Mama oder

Papa. Wie ich darlegte, liegen die Wurzeln zu den extremen Forderungen der Gen Z in den Entwicklungsdefiziten der verletzten inneren Kinder. (Unbewussten) Ängsten und Verletzlichkeit wird mit (unbewusster) Vermeidung, Flucht und Widerstand begegnet. Doch wie sollen Unternehmen damit umgehen? Sollen und können sie zu Reparaturbetrieben für die falsche Erziehung der Eltern werden? Ich meine: ja.

Damit jemand erwachsen handeln kann, »muss das Kind in dir Heimat finden«, wie es Stefanie Stahl ausdrückt. Das heißt, innere Heilung findet statt, wenn man Schutz- und Bewältigungskonzepte aus der Kindheit, die damals sinnvoll waren und heute aber Entwicklung hemmen, hinter sich lässt. Stattdessen geht es darum, die Bedürfnisse des inneren Kindes wahrzunehmen und sich um sie zu kümmern. Im Schema-Coaching gibt es hierfür eine Technik, die sich »Passing by« nennt. Das heißt, dass man sich in den Coachings nicht ständig mit den ungünstigen Schutzmechanismen herumschlägt, sondern versucht, diese elegant zu umschiffen, um einen direkten Zugang zum inneren, verletzten Kind zu finden. Im Umgang mit der Generation Z heißt das im übertragenen Sinn, sich nicht weiter über die unangemessenen Verhaltensweisen zu ärgern, sondern zu schauen, welche Ängste, Bedürfnisse und Verletzungen dahinterstehen, um diese zu überwinden.

Jetzt kommt eine zweite, sehr wichtige Technik aus der Schema-Therapie ins Spiel, die – Achtung, klingt seltsam – Nach-Beelterung. Der Therapeut schlüpft in die Rolle eines wertschätzenden, stärkenden und ermutigenden Elternteils und versucht dadurch, Versäumnisse der Eltern wettzumachen und frühere Wunden zu heilen, damit das innere Kind Heimat findet.

Ich halte es für sinnvoll, diesen Ansatz der Nach-Beelterung in die Unternehmenswelt zu bringen, also zu schauen, wie jungen (und älteren) Beschäftigten geholfen werden kann, ihre Ängste und Unsicherheiten zu überwinden. Das hieße allerdings, dass Firmen durch nach-beelternde Führung Versäumnisse der Elternhäuser aufholen müssten – eine wahre Herausforderung, auch nicht ganz billig. Und ich sehe schon Hohn und Spott, wenn es in Medien überrissen heißt: Unternehmen sollen zu therapeutischen Einrichtungen werden. Ich meine: Das sollten wir aushalten! Denn statt zu lamentieren, könnte so das Übel an der Wurzel gepackt werden. Angst ist nun mal ein Treiber für die Skurrilitäten der Gen Z. Macht es also nicht Sinn zu erkunden, ob jemand Leistung kategorisch ablehnt, weil die Versagensangst so groß ist? Kündigen junge Menschen nicht nach allerersten Schwierigkeiten, da sie keinerlei Selbstvertrauen haben? Wird extrem viel Feedback eingefordert, nur aus Angst davor, Aufgaben falsch zu erledigen und hilflos zu sein?

Sowohl zur Erziehung als auch zum Führen gehört das Setzen von Grenzen. Mitgliedern der Generation Z jeden Wunsch von den Lippen abzulesen, verstärkt nur die negativen Muster. Unternehmen müssen Stoppschilder aufstellen und junge Menschen dazu bewegen, einem angemessenen Ausgleich zwischen ihren Bedürfnissen und denen der Firma innerlich und äußerlich zuzustimmen. Auch das kann durch Nach-Beelterung erreicht werden.

Generationen im Dialog – Miteinander statt Spaltung

Konflikte und Befindlichkeiten können Unmengen an Ressourcen fressen. 10 bis 15 Prozent der Arbeitszeit gehen in Firmen für die Bewältigung von Streit drauf, wie KPMG-Studien schon vor mehr als einem Jahrzehnt offenbarten. Sage und schreibe 25 Prozent des Umsatzes hängen davon ab, wie Kollegen miteinander umgehen. Bedenkliche Werte, der ich die Vision entgegensetze, ein Haus der Generationen zu bauen, in dem die folgenden Parolen gelebt werden: Dialog statt Keifen, Miteinander statt Spaltung.

Ich weiß, dass das alles andere als einfach ist, erst recht in politisch aufgeregten Zeiten. Aber träumen ist ja erlaubt, soweit ich weiß. Und versuchen müssen wir es, denn Polarisierung gibt es schon genug im Land, Zoff zwischen Jung und Alt können wir nicht auch noch gebrauchen. Deshalb werbe ich für generationenübergreifende Mediationen, Gespräche trotz unterschiedlicher Sozialisierung, Werte und Bedürfnisse, um Lösungen zu finden und Wissen weiterzugeben. Was verstehst du unter Karriere? Welche Gedanken wurden dir von deinen Eltern oder Großeltern mit auf den Berufsweg gegeben? Bei den Antworten wird es schnell emotional. Als Leiterin solcher Mediationen berührt es mich immer wieder tief, wenn Menschen, die sich bis eben misstrauisch und voller Vorurteile begegneten, nun öffnen und Empathie und Verständnis füreinander entwickeln. Wir brauchen viel mehr Momente dieser Art, damit Respekt gedeihen kann und sich Zusammenarbeit und Umgang miteinander verbessern. »Versöhnungstreffen der Generationen«, wie ich die Mediationen nenne, können helfen, Neid zu mindern und ein besseres Verstehen zwischen »Frischlingen« und »alten Hasen« zu ermöglichen. Im verbalen Miteinander werden Themen von Menschen getrennt, es gilt der Grundsatz: Hart in der Sache, weich zur Person. Auf diese Art und Weise kann Empathie erzeugt werden und letzten Endes Verständnis füreinander. Nur so sind zugewandte Problemlösungen möglich.

Die Generation Z setzt durch, was Mütter nie geschafft haben

Seit Jahren fordere ich Unternehmen auf, mehr auf die Interessen von Frauen einzugehen und vor allem Müttern den beruflichen Zugang zu erleichtern. Für mich ist das ein Herzensthema, da ich selbst mit 19 Jahren Mama geworden bin und als Alleinerziehende Jura studiert und Karriere gemacht habe. Es ist verdammt ärgerlich, dass

Unternehmen an der Stelle im vergangenen Jahrhundert verharren und dadurch gigantisches Potenzial verschenken. Das Beratungsunternehmen Prognos[70] errechnete 2022 im Auftrag des Bundesfamilienministeriums: Erhöhten die ungefähr 2,5 Millionen in Teilzeit erwerbstätigen Mütter ihre Wochenarbeitszeit um jeweils nur eine Stunde, entspräche dies der Arbeitskraft von rund 70.000 Vollzeitstellen. Und was hat das mit der Generation Z zu tun? Ganz einfach: Sie teilt mit Frauen, die Kinder haben oder welche wollen, den Wunsch nach flexiblen Arbeitszeiten. Die Generation Z aber hat die Macht, Forderungen durchzudrücken. Sie wird das erreichen, was Mütter nie vermochten.

Das gilt auch für das Thema, das ich schon kurz angerissen hatte. Frauen in Unternehmen müssen in Führungspositionen kommen – und die, die dort sind, müssen gestärkt werden. Auch hier klafft eine Riesenlücke zwischen PR-Geklingel und der Wirklichkeit. Von wegen »auf dem Weg zu mehr Agilität und neuem Führungsverständnis«. Da kann ich nur lachen. Unternehmen sind nach wie vor von Männern dominiert. Von der gläsernen Decke muss ich Ihnen, werte Leserschaft, sicher nichts erzählen. Eine Lösung könnte sein, Doppelspitzen bei den Teamleitern einzuführen, damit Führung auch wieder attraktiver für junge Leute ist.

OHNE X GEHT NIX

Die Gen X wird ab und an »die vergessene Generation« genannt. Erst durch die Debatte über die Generation Z und den Fachkräftemangel ist ins öffentliche Bewusstsein gedrungen: Ohne X geht nix. Nicht in Unternehmen, nicht im öffentlichen Dienst, nicht in der Verwaltung. Die Vertreter der Generation X haben noch einige Jahre vor sich, ehe sie in Rente gehen. Um sie sollten sich Unternehmen also kümmern, statt all ihre Kraft in die Z zu investieren. Warum? Die jüngeren Angehörigen der Generation X haben schon mehr als zwei Jahrzehnte Berufserfahrung gesammelt, beherrschen das Internet und wissen von den Möglichkeiten der Digitalisierung. Gleichzeitig haben viele noch Lust auf Führung. Die Generation X zeichnet sich durch einen hohen Grad an Bewältigungsfähigkeit und Krisentoleranz aus. Ganz wichtig: Ihre Vertreter sind einerseits beruflich geprägt durch die Boomer, andererseits teilen sie mit den Jüngeren ihre Berufs- und Lebensentwürfe. Sie konnten von den Boomern Ausdauer, Durchhaltevermögen, Leistungsorientierung, Widerstandskraft und Berufserfahrung lernen, teilen aber mit den Jüngeren den Wunsch nach Autonomie und Freiraum für Kreativität, Familienfreundlichkeit sowie Wertschätzung ihrer persönlichen Kompetenzen. Eigenschaften also, die im Wandel vom Alten zum Neuen und im Zuge einer krisengeschüttelten und teilweise sogar disruptiven Wirtschaft dringend benötigt werden.

Die Generation X hat auch schon das geschafft, was die Z noch vor sich hat: Gesamtgesellschaftliche Anliegen durchzusetzen. Die zunehmende Gleichstellung der Geschlechter ist der X zu verdanken.

Die Frauen der Generation X leben selbstbestimmter und verstehen sich nicht als »Hausfrauen« oder Anhängsel ihrer ach so starken Kerle. Die X kennt die analoge und die digitale Welt, knallharte Hierarchien in Unternehmen, politisch unruhige Zeiten; sie kennt Angst vor Krieg, der Atombombe, Massenarbeitslosigkeit, sozialem Niedergang sowie der Zerstörung der Erde durch Waffengewalt und Umweltkatastrophen. Sie hat es verwunden – auch das hat sie der Z voraus.

Ich möchte nicht noch einmal das wiederholen, was ich zur Generationen-Mediation gesagt habe, bis auf: Die richtige Mischung macht es. Die Gen X ist besonders dafür geeignet, zwischen Jung und Alt zu vermitteln. Warum nicht aus ihren Reihen Interessierte als Mediatoren ausbilden? Es ist erstaunlich, dass die Generation X in Unternehmen unter dem Radar läuft – zugunsten der Jüngeren, der Mangelware. Die meisten Fachkräfte, die zwischen 2013 und 2020 aus dem Arbeitsmarkt schieden, waren der Bundesagentur für Arbeit[71] zufolge 45 bis 54 Jahre alt, also Angehörige der Generation X. Was immer die Gründe dafür waren, es ging damit viel Berufserfahrung verloren. Im Vergleich zu den oft utopischen Forderungen der jüngeren kennen die älteren Mitarbeiter die Realität in Unternehmen.

Die Konsequenz kann nur sein, Recruiting und Personalentwicklung darauf einzustellen. Warum Angehörigen der Generation X nicht die Chance geben, Chef zu werden? In den Kursen für angehende Führungskräfte, die ich geleitet habe, waren die allermeisten Teilnehmer jünger als 40. Wenn Jüngere ohnehin weniger Interesse an Führung haben, warum nicht Leute aus der Generation X auf den Chefsessel bringen? Auch eine Doppelspitze aus Alt und Jung in der Führung fände ich innovativ, am besten Mann und Frau. Im Übrigen gibt es auch viele Boomer, die noch leistungsbereit sind, aber übergangen werden, was ein Gefühl der Ausgrenzung erzeugt. Das können wir uns nicht länger leisten.

Jeder, der anpacken will, muss willkommen sein. Denn wir brauchen alle!

ELTERN, SPERRT DEN TIGER WEG!

So ein Pech aber auch: Ein Kind wird unmittelbar vor Beginn der Schulferien »krank«. Dabei will die Familie doch in den Urlaub fahren. Macht sie auch. Und das angeblich darbende Kind kommt natürlich mit. Die ganze Schule weiß, dass es sich bei Krankmeldungen kurz vor dem ersten Ferientag so gut wie immer um Flunkereien handelt, um einen günstigeren Flug zu erhaschen oder dem Stau auf der Autobahn zu entgehen. Lernen Jungen und Mädchen so, sich an Regeln zu halten?

Ein Schreinerlehrling am Anfang seiner Ausbildung musste mehrere Tage hintereinander Hobeln und Schleifen üben. Ohne das zu lernen, kann man nun mal kein Tischlergeselle werden. Die Mutter des Azubis tauchte in der Werkstatt auf und erklärte: »Das ist zu viel für meinen Sohn. Er kann auf keinen Fall eine Woche lang jeden Tag immer nur stehen.« Dem Meister fiel – so wurde es mir jedenfalls erzählt – vor Staunen der Hammer aus der Hand. Sein Entsetzen kann ich nachvollziehen. Die Mutter folgte ihrem Erziehungsmuster, dem Sohnemann die Hindernisse aus dem Weg zu räumen. Der Tischlerei und ihrem Spross hätte sie einen Gefallen getan, wenn sie zu ihm gesagt hätte: Beiß dich durch!

Ich verspreche, das waren die letzten zwei Beispiele dafür, was Eltern mit Erziehung und Überbehütung anrichten. Ich hoffe, viele Menschen, die Mütter und Väter sind oder es werden wollen, lesen mein Buch. Ich möchte ihnen ins Gewissen reden, Fehler der Vergangenheit nicht zu wiederholen. Willenskraft und Durchhaltevermögen können ähnlich trainiert werden wie das Immunsystem und Muskeln. Dafür braucht es Freiräume, Zutrauen und Unterstützung für Kinder, damit sie ihre Stärken und Interessen entdecken und ausleben können. Ja, Eltern wollen immer nur das Beste für ihre Kids. Doch was, wenn das Beste eben nicht gut für die Entwicklung der Kinder ist? Also trauen wir den Kleinen wieder mehr zu und nehmen ihnen nicht alles ab. Lassen wir sie eigene Erfahrungen machen, ohne die Curling-Bahn frei zu wischen oder mit dem Schneepflug aggressiv alles wegzuschieben. Geben wir ihnen Zeit, die Welt zu erforschen, das »Scheitern« und »Siegen« zu trainieren. Wenn nur noch Prinzessinnen und Prinzen da sind – wer ist dann der Hofstaat? Arbeit ist nun mal auch Stress, ein Eilen von Aufträgen zu Terminen und Schichten. Wer das als Kind nicht ansatzweise lernt, wird sich als Erwachsener schwertun und die Arbeitswelt als lebensfeindlich wahrnehmen. Das heißt nicht, dass Kinder unter Druck gesetzt werden sollten und ihnen der Kalender vollgepackt werden muss, als wären sie Erwachsene. Aber eben auch nicht, dass ihnen alles abgenommen wird, dass sie in einem Wolkenkuckucksheim aus Watte aufwachsen, das nichts mit der Realität im Rest der Welt zu tun hat. Auch hier gilt: Maß und Mix müssen stimmen.

Roy Baumeister und John Tierney schreiben in ihrem Buch *Die Macht der Disziplin*[72] darüber, wie die Theorie des Selbstbewusstseins in den Erziehungsalltag übertragen wurde. Man ging davon aus, dass Kinder voll innerer Sicherheit in der Schule mehr Erfolg haben, und riet Eltern deshalb, ihre Töchter und Söhne zu loben, loben, loben. Unter anderem wurde den Kindern gesagt, sie seien sehr intelligent, um schulische Leistungen bei schwachen Kindern zu verbessern. Klingt gut – ist es aber nicht. Längst konnte die Wissenschaft nachweisen, dass Lobhudelei und Selbstbeweihräucherung zwar tatsächlich das Selbstbewusstsein steigern, aber nicht das Leistungsvermögen. Mit anderen Worten: Die Noten bleiben schlecht. Umgekehrt wächst das Selbstbewusstsein bei Mädchen und Jungen dank guter Noten als Folge von Anstrengung. Überschwängliches Loben auch bei »schlechten« Ergebnissen führt womöglich sogar zu überzogenem Ego inklusive Allmachtsfantasie oder Narzissmus. Solche Kinder haben es schwer. Sie denken, ihnen fliegt alles zu. Dass schulischer – und später beruflicher – Erfolg neben Begabung mit Fleiß, Disziplin und Durchhaltevermögen zu tun hat, erfahren sie als Erwachsene auf anstrengende oder sogar brutale Weise. Vorerst bleibt nur die Flucht in den Selbstbetrug: »Der Lehrer ist doof«, »Ich hatte einen schlechten Tag« und andere Lügen zum Schutz der eigenen Person.

An welche Lehrerin oder welchen Lehrer denken Sie gerne zurück? Bei mir war es eine Lehrerin, die an einem Tag freundlich sagte: »Toll gemacht, Susanne.« Und am nächsten genauso liebevoll: »Das kannst du besser.« Sie forderte mich heraus, mich anzustrengen. Ich nahm sie als aufrichtig wahr, weshalb ich ihr Lob glaubte und Kritik annahm. Die Frau war für mich Respektsperson, ohne dass ich sie fürchtete; sie war Vorbild, ohne dass ich sie anbetete. Kurzum: Ich habe mich gern (für sie) angestrengt, um besser zu werden. Die Lehrerin hatte für uns das, was Kinder brauchen: Liebe, Zuwendung und Wertschätzung.

Die US-amerikanische Psychologin Carol Dweck[73] ist auf Selbstwertgefühl und -vertrauen spezialisiert. Sie meint: »Es kommt nicht darauf an, was wir können. Es kommt darauf an, wie wir uns selbst sehen.« Die Professorin an der berühmten Stanford-Universität in Kalifornien unterscheidet zwischen »growth mindset« und dem »fixed mindset«, was im Deutschen mit »dynamischem Selbstbild« und »starrem Selbstbild« beschrieben wird. Wer seine Fähigkeiten und Intelligenz als angeboren und kaum veränderbar erlebt, Erfolge allein auf eigenes Talent zurückführt statt auf Training und Fleiß, ist dem unverrückbaren Eigenbild verfallen. Sie ahnen schon: Wenn leistungsorientierte Eltern ihre Kinder permanent mit Sätzen beglücken wie »Du bist sehr klug!«, »Du schaffst alles, weil du begabt bist!«, entsteht eher ein starres Selbstbild. Bei neuen Herausforderungen verlieren Kinder, die so erzogen werden, schnell das Selbstvertrauen, insbesondere wenn Neues hart erarbeitet werden muss. Demgegenüber setzt »growth mindset« auf Fähigkeiten, die trainierbar und entwickelbar sind. Kinder, die für ihre Anstrengungen und nicht nur für (angeblich) besondere Eigenschaften gelobt werden, entwickeln nach Dwecks Erkenntnissen ein dynamisches Selbstbild. Sie erkennen, dass Leistung, Anstrengung und Lernfähigkeit zum Erfolg führen, und leben danach.

Wenn ich eines aus meinem Leben sagen kann, dann Folgendes: Talent und Intelligenz spielen sicher eine Rolle, doch für den Erfolg sind Dranbleiben, ein starker Wille und Disziplin ungleich wichtiger. Ich will nicht anmaßend sein und Eltern sagen, was sie tun oder lassen sollen. Ich kann es nur dringend empfehlen. Denn ich bin sicher, ohne das Zutun der Eltern wird sich nichts ändern in Zukunft. Der *Spiegel*[74], garantiert nicht das Sprachrohr autoritärer Erziehung, hat zum Zeitpunkt, als ich die letzten Seiten dieses Buches schrieb, einen Artikel veröffentlicht, der mir aus der Seele sprach. Schon beim Vorspann dachte ich: endlich! Er ging so: »Der Kleine zertrümmert Dinge, die Große schläft im Elternbett. Experten sind sich einig: Es ist gut, dass Erwachsene achtsamer erziehen als früher – aber ohne Regeln geht es nicht.«

Genau. Ohne Regeln funktioniert keine Gesellschaft. Liebe junge, werdende und zukünftige Eltern, tun Sie Ihren Kindern den Gefallen und bewahren Sie sie davor, später ein Leben ohne Eigenverantwortung zu führen. Helfen Sie Ihren Töchtern und Söhnen, dass sie sich zu starken Erwachsenen entwickeln. Stellen Sie Wischer und Schneepflug in die Abstellkammer! Und machen Sie bitte nicht den Tiger!

ES GEHT UNS ALLE AN!

Während der Recherche habe ich immer wieder gedacht: Ich glaube nicht, dass der Bevölkerung klar ist, was mit den Problemen, die ich in diesem Buch anspreche, alles verbunden ist. Nehmen wir nur den Teil junger Leute, der sich »dem System« verschließt, der sich bewusst dagegen entscheidet, einem Beruf nachzugehen, egal ob aus dem Grund, dass er keine Lust hat, oder weil er es sich leisten kann. Was sagt das über unsere Gesellschaft und ihre Werte aus? Was läuft schief, dass Depressionen zunehmen und immer mehr Menschen sich einsam fühlen? Was wird aus Menschen, die sich für den inneren Rückzug entscheiden und lieber im Homeoffice arbeiten oder durch Ghosting von der Bildfläche verschwinden? Werden sie noch einsamer und depressiver? Ist der Wunsch nach einer Viertagewoche ein Zeichen für sinkende Resilienz in der Bevölkerung? Wenn ein hoher Prozentsatz der Generation Z keine Lust hat zu arbeiten oder es nicht nötig hat, einem Erwerb nachzugehen, muss sich das Land fragen: Wer soll es dann tun? Für mich steht fest: An der Suche nach Antworten muss sich die Gesellschaft auch jenseits der Unternehmenswelt und des Elternhauses beteiligen. Die Generation Z geht uns alle an.

Ich möchte kein Klagelied über die schlechte Digitalisierung an Schulen anstimmen – das tun schon andere genug. Ich will auch nicht auf Bildungseinrichtungen in sozialen Brennpunkten eingehen – das tun schon andere genug. Trotzdem können Schulen bei der Betrachtung nicht außer Acht gelassen werden. Daneben muss die Bildungskrise gelöst werden. Der Zustrom Jugendlicher und Kinder aus bildungsfernen Familien in Schulen, Zuwanderung, verordnete Inklusion – all das macht uns Probleme. Das deutsche Bildungsniveau darf keinesfalls weiter sinken! Siehe PISA. Zum deutschen Bildungssystem gibt es unzählige Bücher. Dafür bin ich nicht die Expertin. Aber als Bürgerin, die sich mit der Generation Z befasst hat, frage ich mich: Was wird in Schulen für das Leben vermittelt? Heißt doch ein uralter Spruch: Nicht für die Schule lernen wir, sondern für das Leben. Welches Wissen wird in Schulen weitergereicht, um als Erwachsener den Alltag zu bestehen? Die Kids lernen dieses und jenes, haben aber keine Ahnung von Finanzen, Unternehmertum und Vorgängen in einer Marktwirtschaft. Sie trainieren Deutsch, aber es mangelt an Kompetenz im Umgang mit Medien, ganz zu schweigen von Kommunikations- und Konfliktkompetenzen. Was wird Kindern und Jugendlichen gelehrt, dass sie eigene Stärken und Schwächen einschätzen können? Ich glaube, auch hier muss angesetzt werden.

Die Zahl jener Jugendlichen und jungen Erwachsenen, die nach dem Abgang von der Schule keine Ahnung haben, was sie beruflich machen wollen oder wo sie ihre Stärken und Vorlieben einbringen können, nimmt immer mehr zu. Ich weiß, dass Lehrer und Schulen eine schwierige Position haben und vieles auffangen müssen, was im Elternhaus falsch läuft. Trotzdem wäre es wünschenswert, Schüler bei der Suche nach dem für sie besten Job zu unterstützen, mindestens Orientierung zu geben. In der SINUS-Jugendstudie von 2020 wird darauf hingewiesen, dass »Jugendliche mehrere Informationsquellen und Gespräche benötigen, die ihnen zu einer guten Entscheidung bei der Berufswahl verhelfen«[75].

Arbeit ist nicht schlecht, kein Beruf ist eine Schande. Wir haben es selbst verschuldet, dass heutzutage kaum noch wer im Handwerk oder in der Pflege arbeiten will. Schlechtes Image, schlechte Konditionen und teils mieses Gehalt. Diese Berufe müssen eine

Aufwertung erfahren, und niemand sollte abschätzig auf Bauarbeiter oder Fleischer schauen. Jemand muss Häuser errichten und Wurst herstellen. Die Möglichkeiten am Ausbildungsmarkt sind oft unzureichend beschrieben und nicht gut genug erklärt für Jugendliche.

Grundsätzlich ist es Aufgabe der Politik, für Perspektiven zu sorgen. Was kann und muss die Politik tun, dass junge (und ältere) Leute Chancen sehen und wahrnehmen? Diese Liste ist lang und leider ein Armutszeugnis für den Zustand Deutschlands. Leistung muss sich lohnen – für alle! Im Juni 2023 schlug CDU-Generalsekretär Carsten Linnemann noch als Chef der Grundsatzkommission seiner Partei vor: »Der Staat sollte Fleiß belohnen und nicht wegbesteuern. Wer gerne länger als 40 Stunden arbeiten möchte, für den sollten keine zusätzlichen Steuern mehr anfallen.« Bei Satz eins bin ich voll dabei, Satz zwei ist mir zu krass. Der Ansatz aber ist richtig, sonst hat gar niemand mehr Lust auf Arbeit. BMW-Chef Oliver Zipse warnte davor, Wirtschaftswachstum zu verteufeln. »Davon hängt das hohe Gut der sozialen Gerechtigkeit ab«, erklärte er im *Handelsblatt*. Wenn Parteien der Bevölkerung den Eindruck vermitteln, »dass politisch gar kein Wachstum mehr gewollt ist, dann geht diese Zukunftsperspektive verloren«. Auch dem stimme ich zu.

Unbedingt brauchen wir einen Generationenvertrag, der wirklich funktioniert, und damit eine Restrukturierung von Rente und Pflege. Wenn wenige das Auskommen der Ruheständler sichern, hört sich das für die Generation Z nicht gerecht an – zumal sie weiß, dass sie für das Alter selbst wird vorsorgen müssen, das alte Rentensystem hat ausgedient. Boomer lieben die Rente mit 63. Die Politik unterstützt das, weil sie damit einen großen Teil der Wählerschaft beglückt. Wir brauchen dringend flexible Lösungen für das Rentenalter. Laufend heißt es: Wer 45 Jahre gearbeitet hat, hat es (sich) verdient, in Rente zu gehen. What?! Haben es die, die gerne länger arbeiten, nicht verdient? Sind sie die Dummen? Kann Arbeit nicht auch etwas Erfüllendes sein? Das wird kaum beachtet in der

Diskussion. Experten prognostizieren, dass wir bald mehr Wähler mit Pflegestufe als unter 30-Jährige haben. Schon 2021 war jeder Fünfte bei der Abstimmung über die Zusammensetzung des Bundestages über 70 Jahre alt, jedoch nur jeder Siebte unter 30. Da kommt einem schon mal der Gedanke, dass Politik vor allem für Ältere gemacht wird.

Überzogenes Anspruchsdenken ist nicht allein das Ding der Generation Z. »Da habe ich Anspruch drauf!« Und: »Das steht mir zu!« Zwei Sätze, die überall im Land locker über die Lippen gehen. Ich meine damit nicht Menschen, die berechtigterweise Kranken-, Arbeitslosen- oder Bürgergeld beziehen, sondern die, die der Volksmund »Abzocker« nennt, aber auch die, die ständig nach dem Staat rufen. Die Mitnahmementalität ist in Deutschland weitverbreitet. Daher möchte ich an jeden Einzelnen appellieren, die Systeme nicht bis zum Geht-nicht-mehr auszunutzen. Fakt ist aber auch: Der Staat breitet viel zu schnell seine soziale Hängematte aus, und das wird uns allen auf Dauer schaden. Denn auch das Bürgergeld, das aus der Staatskasse kommt, die der Steuerzahler füllt, muss erst einmal erwirtschaftet werden. Von mir aus könnte es steigen, wenn es konsequent auf jene beschränkt werden würde, die in Not sind und sich selbst nicht helfen können. Doch Faulenzen zu bezahlen, geht einfach nicht. Der Staat darf den Menschen nicht in seinem Engagement lähmen, sondern sollte genau das Gegenteil ermöglichen: durch Arbeitskraft etwas zu schaffen. Jeder ist seines Glückes Schmied. Ich könnte hier endlos weiterschreiben, etwa noch auf die Abwanderung von Unternehmen und Arbeitskräfte eingehen – aber das lesen Sie jeden Tag in den Medien. Damit muss ich Sie nicht quälen.

BITTE, LIEBE GENERATION Z

Liebe Generation Z,

ihr habt Deutschland einen wichtigen Auftrag erteilt. Er lautet: Beschleunigt den Kulturwandel in der Arbeitswelt! Das habt ihr gut gemacht. Doch bitte vergesst nicht: Ohne euch kann der Auftrag nicht erledigt werden. Ihr müsst mitwirken. Und dazu gehört auch, dass ihr versteht: Ihr seid nicht allein auf dem Planeten. Da sind die Kollegen jeden Alters, die Chefs, die Unternehmen, der Wirtschaftsstandort Deutschland. Dafür helfen wir Älteren euch. Ich jedenfalls sehr gerne.

Von einem nordamerikanischen Indigenen ist das Zitat überliefert: »Urteile nie über einen anderen, bevor du nicht einen Mond lang in seinen Mokassins gelaufen bist.« Ich bin einige Jahre älter als ihr und weiß nicht, wie sich eure Schuhe anfühlen. Aber ich habe versucht, es mir vorzustellen. Mein Wunsch ist, dass auch ihr euch Gedanken darüber macht, wie das Gehen in unseren Mokassins oder den Siebenmeilenstiefeln eines Unternehmers sein könnte. Perspektivwechsel tun uns allen gut. Ich empfehle auch Demut und Dankbarkeit für das, was die Generationen vor euch geschaffen haben.

Ich sage es ehrlich: Als ich beschloss, dieses Buch zu schreiben, wollte ich vor allem lästern. Ich hatte den Gedanken – bitte verzeiht mir meine Hirngespinste –, euch, die Generation Z, kollektiv in ein Bootcamp zu schicken, damit ihr das lernt, was ich bei vielen von euch vermisse. Aber ich weiß, dass das kein Weg ist und

Gruppentherapien nicht helfen, erwachsen zu werden. Dann kam es, wie es gar nicht kommen sollte: Je mehr ich mich mit euch beschäftigt habe, desto mehr Verständnis gewann ich für euch. Trotzdem: Aus der Verantwortung entlassen möchte ich euch nicht.

Also, liebe Generation Z, ich möchte euch höflich zur Reflexion einladen ob eurer besonderen Art und Position. Überlegt gut, ob ihr wirklich eure Macht so ausspielen müsst, wie ihr das immer wieder tut. Bitte haut nicht gleich ab, wenn etwas nicht so läuft, wie ihr euch das wünscht. Und bitte lehnt nicht alles kategorisch ab, was euch nicht in den Kram passt. Glaubt mir, die Zeit der brüllenden Chefmonster ist vorbei. Aber ohne Führung geht es nicht in Unternehmen. In einer gesättigten Gesellschaft kann jemand nur etwas bewegen, der sich einbringt, der sich aus sich selbst heraus begeistern kann, unabhängig vom (erhofften) Anklang bei Instagram oder positivem Feedback der Eltern. Das braucht Mut. Glück ist eine Überwindungsprämie, eine Belohnung für ein Wagnis. Auch wenn die Heilsversprechen im Internet noch so angenehm erscheinen, ihr seid es, die einen Irrglauben entmystifizieren müssen: Man kann alles erreichen, wenn man an sich glaubt. Nö, das ist Quatsch. So wichtig es ist, an sich zu glauben, aber Hokuspokus hilft nicht.

Ich zitierte schon das Sprichwort »Jeder ist seines Glückes Schmied«. »Schmieden« ist ein Verb, ein Tu-Wort. Sonst hätte der Schmied nicht so dicke Muskeln. Ihr wollt das System reformieren, es anders machen – prima. Ihr, die jungen Leute, habt Energie und Power. Doch ihr müsst mitspielen, statt euch abzugrenzen. Egoismus schadet – am Ende auch euch selbst. Wirtschaftswunder resultieren aus Arbeitskraft und Handeln, nicht aber aus Budenzauber und Forderungen. Wir brauchen Menschen, die anpacken, die leistungswillig und diszipliniert sind und nicht vor langen Wegen bis zum Ziel zurückschrecken. Und wir brauchen Menschen, die sich gerne einbringen, um etwas zu erreichen – für sich selbst und die

Unternehmen, für die sie arbeiten. Bitte, liebe Generation Z, packt mit an!

Mit herzlichen Grüßen
Eure Susanne Nickel

EPILOG: DAS GLÜCKLICHE SYSTEM

Erinnern Sie sich an die Aufstellung zu Beginn meines Buches? Sie beschrieb die Realität. Jetzt, am Ende, entwerfe ich ein Zukunftsbild. Ich nenne es: Das glückliche System im Gleichgewicht. Dort gibt es einen regen und konstruktiven Austausch zwischen den Generationen. Niemand buckelt, jeder trägt zum großen Ganzen bei und gibt sein Bestes. Die Balance zwischen Leistung und Selbstfürsorge stimmt wieder. Die Bewegung der einzelnen Akteure ist aufeinander zu und kooperativ. Vorbilder und Werte werden gelebt. Gelingende Beziehungen werden weiter ausgebaut und inspirierende Führung wird umgesetzt. Gewinnmaximierung und Ausbeutung haben als Maßstab ausgedient, im Fokus stehen nun Glück und Zufriedenheit.

Das gelingt, wenn jeder seinen Teil dazu beiträgt. Gemeinsam schaffen wir es, das Land in Wohlstand zu erhalten. Lasst uns das Haus der Generationen bauen, die Vision Wirklichkeit werden, liebe Leserinnen und Leser, egal, welcher Generation Sie angehören. Wir brauchen alle. Die Jungen und die Alten. Ich bin definitiv dabei.

ANHANG FÜR UNTERNEHMER: 10 FRAGEN, DIE SIE DER GENERATION Z STELLEN SOLLTEN

Ich gehe davon aus, dass unter den Lesern einige Unternehmer, Führungskräfte und Personaler sind. Diese Fragen helfen, die Zusammenarbeit mit Angehörigen der Generation Z gelingend zu gestalten und Beziehungen gut aufzubauen. Wichtig ist: Ihre Haltung bestimmt die Atmosphäre des Gesprächs. Gehen Sie in die Haltung, wirklich zuhören zu wollen. Bewerten Sie nicht sofort, sondern zeigen Sie Interesse, auch wenn Sie vielleicht andere Vorstellungen haben. Es geht darum, in die Kommunikation zu kommen und eine Beziehungsebene auf- und auszubauen. Wo es angebracht ist, finden Sie hoffentlich gemeinsam Lösungen, indem Sie die Bedürfnisse des anderen anerkennen und darüber sprechen, sowie auch Ihre Interessen, Sichtweisen und Möglichkeiten kundtun. Und: Versuchen Sie immer mal wieder, in die Mokassins des Gegenübers zu schlüpfen.

1. Was brauchst du, damit es dir gut geht in der Arbeit?
2. Was wünschst du dir von mir als deiner Führungskraft? (Oder alternativ: Was würde dir die Zusammenarbeit erleichtern?)
3. Woran erkenne ich, dass du überfordert oder unterfordert bist?

4. Wie geht's dir mit deinen Kollegen?
5. Wie kommst du mit deinen Arbeitsgeräten und deinem Arbeitsumfeld zurecht?
6. Was fällt dir als neuer Mitarbeiter auf und was würdest du anders machen?
7. Wie empfindest du deine Balance zwischen Arbeit und Freizeit?
8. Was motiviert dich in der Arbeit?
9. Wo möchtest du dich hin entwickeln?
10. Was macht dich stolz in der Arbeit?

Viel Glück!

ANMERKUNGEN

1 Vgl. https://www.handelsblatt.com/meinung/gastbeitraege/gastkommentar-generation-z-floppt-in-der-arbeitswelt/29106344.html

2 Vgl. Hermann Troger: *7 Erfolgsfaktoren für ein wirksames Personalmanagement*, SpringerGabler 2016, S. 83 ff.

3 U. a. Costanza et al. 2012: S. 379 in einer Metaanalyse

4 Vgl. Simon Zeise, *Berliner Zeitung* online vom 9.6.2023. Wird Deutschland zum Entwicklungsland? Ökonom wünscht uns eine »sanfte Deindustrialisierung«; https://www.berliner-zeitung.de/wirtschaft-verantwortung/wird-deutschland-ein-entwicklungsland-warum-wir-trotz-ueberstunden-aermer-werden-li.359521

5 Vgl. ifoInstitut: https://www.ifo.de/pressemitteilung/2023-02-15/mangel-fachkraeften-entspannt-sich-leicht#:~:text=Etwas%20weniger%20deutsche%20Unternehmen%20melden,7%20Prozent%20im%20Oktober%202022.

6 Deutsche Presse-Agentur (Oktober 2022), vgl. in *Die Welt* vom 10.10.2022 Fehlende Arbeitskräfte kosten Deutschland über 86 Milliarden Euro im Jahr; https://www.welt.de/wirtschaft/article241511983/Personalmangel-kostet-Deutschland-ueber-86-Milliarden-Euro-im-Jahr.html

7 ebd.

8 Vgl. IAB; https://www.iab-forum.de/iab-stellenerhebung-1-2023-175-millionen-offene-stellen-am-arbeitsmarkt/

9 Vgl. https://www.rnd.de/wirtschaft/iab-bericht-bis-2035-verliert-deutschland-7-millionen-arbeitskraefte-BXBRGGEMQD4USMJYZPKZ5V6AJ4.html#:~:text=Der%20deutsche%20Arbeitsmarkt%20steht%20in,%2D%20und%20Berufsforschung%20(IAB).

10 Vgl. Ulrike Jureit: *Generation, Generationalität, Generationenforschung*. Docupedia-Zeitgeschichte (2017); https://docupedia.de/zg/Jureit_generation_v2_de_2017

11 Vgl. https://karriere.peek-cloppenburg.de/sites/default/files/2022-10/newwork_2022-10-24.pdf

12 Vgl. *Die Welt*: Von wegen Flugscham – Gen Z und Millennials fliegen öfter als Boomer, von Stefan Fründt vom 28.8.2023; https://www.welt.de/wirtschaft/article246938790/Klimabewusste-Jugend-Gen-Z-und-Millennials-fliegen-oefter-als-Boomer.html

13 Kronos Workforce Institute – Internationaler Gen Z Vergleich (2019), DeStefano, L. (2019). Full Report: Generation Z in the Workplace.

14 Generation ohne Grenzen OC&C (2021); https://www.occstrategy.com/media/1904/eine-generation-ohne-grenzen_.pdf

15 Shell-Jugendstudie, Albert, M., Hurrelmann, K., & Quenzel, G. (2019). Eine Generation meldet sich zu Wort. Beltz.

16 Vgl. Santer, N., Manago, A., & Bleisch, R. (2023). Narratives of the self in polymedia contexts: Authenticity and branding in Generation Z. Qualitative Psychology, 10 (1), S. 79–106; https://doi.org/10.1037/qup0000232S.

17 Vgl. EY Segmentstudien USA (2020–2021); https://assets.ey.com/content/dam/ey-sites/ey-com/en_us/topics/consulting/ey-is-gen-z-the-spark-we-need-to-see-the-light-full-report.pdf

18 Vgl. Zukunftsinstitut 2020. Die Datengrundlage der skizzierten Lebensstile entstammt dem breit angelegten Projekt »Lebensstile: Kunden verstehen, Märkte erobern!«. Die Generation Z in der Arbeitswelt von morgen. Trendstudie im Auftrag des Zukunftsinstituts.
Vgl. https://karriere.peek-cloppenburg.de/sites/default/files/2022-10/newwork_2022-10-24.pdf

19 https://www.consulting.de/artikel/arbeitsscheue-generation-z-ein-bedeutungswandel-beim-begriff-der-arbeit/

20 *Der Spiegel* Nr. 22 vom 27.5.2023, S. 9 ff.

21 https://www.bundesjugendspiele.de/aktuelles/

22 Vgl. https://www.continental.com/de/presse/studien-publikationen/sonstige-publikationen/umfrage-generation-z/

23 https://www.shell.de/ueber-uns/initiativen/shell-jugendstudie.html

24 Randstad Workmonitor: Umfrage vom 18.–30. Oktober 2022, Stichprobengröße 35.000 Erwerbstätige zwischen 18 und 67 Jahren.

25 https://www.tagesspiegel.de/wirtschaft/arbeiten-ist-kein-ponyhof-nahles-kritisiert-die-lebensphilosophie-vieler-junger-menschen-9377003.html

26 Vgl. https://www.aktiv-online.de/news/jung-und-joblos-offiziell-tun-hunderttausende-jugendliche-hierzulande-nichts-17578

27 https://www.bertelsmann-stiftung.de/de/publikationen/publikation/did/faktencheck-neets-abgehaengt-oder-nur-am-abhaengen

28 https://www.joblinge.de/ueber-uns

29 https://www.faz.net/aktuell/karriere-hochschule/buero-co/arbeitsmarkt-wohin-verschwinden-junge-leute-19258021.html

30 Vgl. 6. Trendstudie Jugend in Deutschland. Die Untersuchung »Jugend in Deutschland« wird von Simon Schnetzer geleitet unter der Beratung durch Klaus Hurrelmann (Hertie School, Berlin) und Kilian Hampel (Universität Konstanz).
Vgl. https://www.hertie-school.org/de/news/detail/content/sixth-youth-in-germany-trend-study-current-crises-affect-younger-people-more-than-older-but-there-is-no-generation-conflict

31 https://www.mdr.de/nachrichten/deutschland/gesellschaft/mehr-junge-menschen-ohne-berufsabschluss-100.html Vgl. https://www.bibb.de/datenreport/de/datenreport_2021.php

32 Befragung von der IKK classic: »So gesund ist das Handwerk«, durchgeführt von der GfK SE in Nürnberg in Form von computergestützten Telefoninterviews. Insgesamt nahmen 1830 Arbeitskräfte aus dem Bau- und Ausbau-, Elektro- und Metall-, Holz- und Nahrungsmittelgewerbe sowie dem Gewerbe für Gesundheitspflege, Körperpflege und Reinigung teil.

33 Vgl. IW-Trends 3/2020 – Institut der deutschen Wirtschaft

34 Gallup Engagement Index 2022

35 Die Viertagewoche ist zudem gar nichts Neues, sondern immer bei Krisen vor allem medial getrieben. Vgl. Campbell, T. T. (2023). The four-day work week: a chronological, systematic review of the academic literature. *Management Review Quarterly*; https://doi.org/10.1007/s11301-023-00347-3. Dort wird erläutert, dass die Viertagewoche weder neu ist noch dass es klare Beweise für die Vorteile gibt.

36 Vgl. https://www.berufe-studie.de/2022_02-4-tage-woche.html

37 Vgl. https://www.boeckler.de/de/pressemitteilungen-2675-rund-81-prozent-der-vollzeitbeschaftigten-wollen-Viertagewoche-49242.htm

38 https://data.oecd.org/emp/hours-worked.htm

39 Vgl. *Welt am Sonntag online*. Von Jacques Schuster vom 23.12.2023; https://www.welt.de/politik/deutschland/plus249202628/Wolfgang-Schaeuble-Dazu-gehoert-auch-die-bittere-Wahrheit-dass-wir-zu-wenig-arbeiten.html

40 https://hokify.de/press/future-of-work-so-will-die-generation-z-in-zukunft-arbeiten

41 https://hokify.at/press/warum-bewerbungen-ausbleiben

42 https://onlyfy.com/de/downloads/whitepaper-forsa-studie/ vgl. https://www.new-work.se/de/newsroom/pressemitteilungen/2023_pm_xing_jung_qualifiziert_wechselwillig_so_tickt_die_gen_z

43 https://www.newsweek.com/gen-z-middle-class-salary-difference-money-views-1854720

44 Vgl. https://www.wiwo.de/erfolg/management/exklusive-umfrage-zwei-drittel-der-entscheider-haelt-die-gen-z-fuer-nicht-kritikfaehig/28683746.html https://www.wiwo.de/politik/junge-talente-auf-dem-arbeitsmarkt-stimmen-sie-ab-ist-die-generation-z-kritikfaehig/28675258.html

45 Kronos Workforce Institute – Internationaler. Gen Z Vergleich (2019), DeStefano, L. (2019). Full Report: Generation Z in the Workplace. The Workforce Insitute at Kronos.

46 Vgl. indeed: https://www.indeed.com/lead/impact-of-covid-19-on-job-seeker-employer-ghosting

47 Vgl. Pressetext: https://www.pressetext.com/news/bewerber-ignorieren-unternehmen-immer-oefter.html

48 Vgl. https://futurezone.at/digital-life/generation-z-ueberschaetzt-digitale-faehigkeiten-digital-skills-barometer-2023-fit4internet/402687112

49 https://www.bepanthen.de/sites/g/files/vrxlpx36091/files/2021-01/studienpublikation-gemeinschaftssinn.pdf

50 https://chefinnensache.de/umfrage-maenner-und-frauen-verlieren-lust-auf-fuehrungsaufgaben/

51 https://www.sueddeutsche.de/wirtschaft/generation-z-karriere-arbeit-1.5874239

52 Vgl. Business Insider: https://www.businessinsider.com/gen-z-might-kill-middle-management-2023-11

53 COPSY-Studie – Corona und Psyche 2020; https://www.aerzteblatt.de/archiv/216647/Psychische-Gesundheit-und-Lebensqualitaet-von-Kindern-und-Jugendlichen-waehrend-der-COVID-19-Pandemie-Ergebnisse-der-COPSY-Studie

54 https://www.dak.de/dak/bundesthemen/corona-alarmierende-folgen-fuer-kinder-und-jugendliche-2480802.html#/

55 https://www.dak.de/dak/download/internetsucht-studie-pdf-2106324.pdf

56 Koubek 2016: Soziale Medien und Identität bei Jugendlichen

57 DeStefano, L. (2019). Full Report: Generation Z in the Workplace. The Workforce Insitute at Kronos.

58 https://www.deloitte.com/global/en/about/press-room/2023-gen-z-and-millenial-survey

59 https://www.focus.de/finanzen/gen-z-ueber-das-buergergeld-mit-725-euro-schlafe-ich-aus-und-bestelle-bei-lieferheld_id_259509834.html

60 https://de.statista.com/statistik/daten/studie/825578/umfrage/prognose-zum-erbschaftsvolumen-in-deutschland-nach-vermoegensart/

61 https://www.empirica-institut.de/fileadmin/Redaktion/Publikationen_Referenzen/PDFs/DIA_Studie_Erben_in_Deutschland_HighRes.pdf

62 Vgl. FAZ vom 7.7.2023, Inflation der Einserabiture von Heike Schmoll; https://www.faz.net/aktuell/politik/abitur-nach-corona-inflation-der-einserdurchschnitte-18661121.html

63 PISA ist die Abkürzung für Programme for International Student Assessment. Rund 690 000 Schüler aus 81 Ländern nahmen stellvertretend für 29 Millionen Altersgenossen an der 2023 veröffentlichten Erhebung teil.

64 https://www.ifo.de/pressemitteilung/2022-11-18/jugendlichen-weltweit-keine-grundlegenden-faehigkeiten

65 Vgl. Calmbach, Marc, Flaig, Bodo, Edwards, James, Möller-Slawinski, Heide, Borchard, Inga, Schleer, Christoph: »SINUS-Jugendstudie 2020«

66 Vgl. https://www.apa.org/pubs/journals/releases/dev-dev0000536.pdf

67 Cognitive therapy for personality disorders. Professional Resource Exchange (1. Januar 1990). Dort führt Young den Begriff des »Schemacoaching« (schema-focused cognitive therapy) ein.

68 Vgl. Esmailzadeh, A., Meier, Y., Birkner, S., de Gruyter, J., Schwiezer, H., & Dietrich, J. (Hrsg.), (2022): *Gen Z: für Entscheider:innen.* Campus Verlag. Zeam & LINK (2022)

69 Interview in der Zeit vom 7.11.2019: »Ohne Arbeit ist der Mensch unvollkommen«; https://newwork-newculture.dev/wp-content/uploads/2020/06/Frithjof-Bergmann_-Ohne-Arbeit-ist-der-Mensch-unvollkommen_-ZEIT-Arbeit.pdf

70 Vgl. https://www.prognos.com/de/projekt/fachkraeftesicherung-durch-die-vereinbarkeit-von-familie-und-beruf

71 KOFA-Berechnungen auf Basis von Sonderauswertungen der BA, 2011

72 Vgl. Baumeister, Roy, Tierney, John: *Die Macht der Disziplin*, Campus Verlag, darin das Kapitel »Wie Sie Ihr Kind stark machen«, S. 217 ff.

73 Dweck, Carol: *Selbstbild: Wie unser Denken Erfolge oder Niederlagen bewirkt.* Piper 2017

74 https://www.spiegel.de/familie/moderne-erziehung-duerfen-kinder-denn-heute-alles-a-ba70fbb3-3dce-4628-8a00-ec80a4ea25a8

75 Vgl. Ilse, Johannes: »Wie ticken Jugendliche?« 2020. Bundeszentrale für politische Bildung. S. 455 f. SINUS-Studie im Auftrag von: Bundeszentrale für politische Bildung, BARMER, Deutsche Kinder- und Jugendstiftung, Arbeitsstelle für Jugendseelsorge der Deutschen Bischofskonferenz, Bund der Deutschen Katholischen Jugend, Deutscher Fußball-Bund, Deutsche Sportjugend, DFL Stiftung

LITERATURVERZEICHNIS

Baumeister, Roy; Tierney, John. *Die Macht der Disziplin*, Campus 2022.

Calmbach, Marc; Flaig, Bodo et al.: *Wie ticken Jugendliche 2020.* Schriftenreihe Band 10531, 2020.

Chua, Amy: *Battle Hymn of the Tiger Mother*, Bloomsbury Paperbacks 2012.

Corssen, Jens: *Der Selbstentwickler*, Marix Verlag 2004.

Coupland, Douglas: *Generation X*, Goldmann 1991.

Dweck, Carol: *Selbstbild. Wie unser Denken Erfolge oder Niederlagen bewirkt*, Piper 2017.

Ebeling, Ronja: *Jung, besorgt, abhängig. Eine Generation in der Krise*, Eden Verlagsgruppe 2021.

Esmailzadeh, Annahita; Meier, Yael; Birkner, Stephanie; de Gruyter, Julius, Schwiezer, Hauke; Dietrich, Jo: *Gen Z: Für Entscheider:innen*, Campus 2022.

Gaedt, Martin: *4 Tage Woche*, Provotainment GmbH 2023.

Maas, Rüdiger: *Generation lebensunfähig*, Yes Publishing 2021.

Maas, Rüdiger: *Generation Z für Personalmanagement und Führung*, Hanser 2023.

Meyer, Karin: *Persönlichkeit und Selbststeuerung der Generation Z*, Springer Gabler 2021.

Perls, Fritz: *Grundlagen der Gestalttherapie*, Klett Cotta 2007.

Roediger, Eckhard: *Raus aus den Lebensfallen: Das Schematherapie-Begleitbuch*, Junfermann 2023.

Schlotter, Lorenz; Hubert, Philipp: *Generation Z – Personalmanagement und Führung*, Springer Gabler 2020.

Stahl, Stefanie: *Das Kind in dir muss Heimat finden*, Kailash 2015.

Troger, Hermann: *7 Erfolgsfaktoren für ein wirksames Personalmanagement*, Springer Gabler 2016.

Vapaux, Valentina: *Generation Z: Zwischen Selbstverwirklichung, Insta-Einsamkeit und der Hoffnung auf eine bessere Welt*, Gräfe und Unzer 2021.

Wunderlin, Nikolas: M*otivationsmodell Gen Z*, WME, 2021

Young, Jeffrey: *Cognitive Therapy for Personality Disorders: A Schema-Focused Approach.* Practitioner's Resource Series 1999.

Zander, Guido: *Wundermittel 4-Tage-Woche?*, Haufe Verlag 2023.

Quellen

Alsop, R. (2013). *Why can't Generation X get ahead at work?* https://www.bbc.com/worklife/article/20130710-the-forgotten-generation.

AOK Rheinland/Hamburg (2022). *Gen Z stellt Negativrekord bei Krankenstand auf.* https://www.aok.de/pp/rh/pm/generation-z-junge-beschaeftigte-fallen-haeufiger-aus-als-je-zuvor/.

Atik, O. (2019). *Die Generation "Digital Natives" und ihre Widerspiegelung in aktuellen deutschen Jugendromanen: eine Gegenüberstellung soziologischer und literarischer Generationsanalyse* (Master Thesis). Trakya Üniversitesi, Sosyal Bilimler Enstitüsü. https://dspace.trakya.edu.tr/xmlui/handle/trakya/4669.

Bérubé, V. Maor, D., Mugayar-Baldocchi, M., & Reich, A. (2022) European talent is ready to walk out the door. How should companies respond? In: *McKinsey Quarterly*, Dezember 2022.

Brademann, I., & Piorr, R. (2018). *Das affektive Commitment der Generation Z: eine empirische Analyse des Bindungsbedürfnisses an Unternehmen und dessen Einflussfaktoren* (No. 70). Arbeitspapiere der FOM.

Breitsohl, H., & Ruhle, S. (2012). Differences in work-related attitudes between Millennials and Generation X: Evidence from Germany. in: *Managing the New Workforce*, 107–129.

Bresler, M. (2023). Specifics of perception of historical and cultural heritage by generation Z in the conditions of network existence. In: *E3S Web of Conferences, 420*, 06018. https://doi.org/10.1051/e3sconf/202342006018.

Campbell, T. T. (2023). The four-day work week: a chronological, systematic review of the academic literature. In: *Management Review Quarterly*. https://doi.org/10.1007/s11301-023-00347-3.

Constanza, D. P.; Rudolph, C. W.; Zacher, H. (2023). *Are generations a useful concept?* https://www.sciencedirect.com/science/article/pii/S0001691823002354?via%3Dihub.

Continental (2023). Umfrage Generation Z, https://www.continental.com/de/presse/studien-publikationen/sonstige-publikationen/umfrage-generation-z/.

Costanza, D. P., Badger, J. M., Fraser, R. L., Severt, J. B., & Gade, P. A. (2012). Generational Differences in Work-Related Attitudes: A Meta-analysis. In: *Journal of Business and Psychology*, 27(4), Art. 4. https://doi.org/10.1007/s10869-012-9259-4.

E&Y Segmentstudien USA (2020-2021):
E&Y (2020). *Gen Z – A generation of contradiction. Generation Z Segmentation Study. Top-line findings and the power of five.* https://assets.ey.com/content/dam/ey-sites/ey-com/en_us/topics/advisory/ey-gen-z-contradictions-april-2020.pdf?download
E&Y (2021). *Is Gen Z the spark we need to see the light?* 2021 Gen Z Segmentation Study. Insight Report. https://assets.ey.com/content/dam/ey-sites/ey-com/en_us/topics/consulting/ey-is-gen-z-the-spark-we-need-to-see-the-light-full-report.pdf.

Eckert, S.; Tadmory, S. & Kampf, L. (2022). *Wie Instagram Essstörungen befeuert.* https://www.tagesschau.de/investigativ/ndr-wdr/instagram-teenager-103.html.

Esslinger, J. M., & Chang, Y.-J. (2022). *Identity Diffusion Among Generation Z Males in Neoliberal Societies: A Spotlight on Germany and Taiwan.* https://www.researchgate.net/profile/Jan-Esslinger-2/publication/360877136_Identity_Diffusion_Among_Generation_Z_Males_in_Neoliberal_Societies_A_Spotlight_on_Germany_and_Taiwan/links/628fbabf55273755ebb78a7e/Identity-Diffusion-Among-Generation-Z-Males-in-Neoliberal-Societies-A-Spotlight-on-Germany-and-Taiwan.pdf.

Feierabend, S.; Rathgeb, T. & Reuttler, T. (2020). *JIM 2019 – Jugend, Information, Medien Basisuntersuchung zum Medienumgang 12 – 19-Jähriger in Deutschland.*

Hensengs, F (2022). *Job-Ghosting überwinden: So bleiben Bewerber*innen interessiert... und verschwinden nicht.* https://de.indeed.com/lead/bleibendes-interesse-bei-kandidaten-sichern?gad_source=1&gclid=CjwKCAiA_OetBhAtEiwAPTeQZziWc8ziLQRdk-FWoHqsmZSSE6trmrOsHLH6INF26dXodPIJjrqZhhoCsg8QAvD_BwE.

IKK classic (2021). Umfrage *„So gesund ist das Handwerk" durchgeführt von der* GfK SE in Nürnberg in Form von computergestützten Telefoninterviews. Insgesamt nahmen 1830 Arbeitskräfte aus dem Bau- und Ausbau-, Elektro- und Metall-, Holz- und Nahrungsmittelgewerbe sowie dem Gewerbe für Gesundheitspflege, Körperpflege und Reinigung.

Jureit, U. & Zentrum Für Zeithistorische Forschung Potsdam. (2010). Generation, Generationalität, Generationenforschung. In: *Docupedia-Zeitgeschichte.* https://doi.org/10.14765/ZZF.DOK.2.592.V1.

KOFA-Berechnungen auf Basis von Sonderauswertungen der BA, 2011

Koubek, J. (2016). Digital Natives und Digital Naives Soziale Netze zwischen Schule und Beruf, in: Jacobs; Zowislo-Grünewald; Beitzinger (Hg.): *Social Media in der Lebenswelt und Berufswahl Jugendlicher – Who cares?* Nomos 2016.

KPMG (2009). *Konfliktkosten Studie. Die Kosten von Reibungsverlusten in Industrieunternehmen.*

Kronos Workforce Institute; DeStefano, L. (2019). *Full Report: Generation Z in the Workplace.* The Workforce Insitute at Kronos. https://workforceinstitute.org/wp-content/uploads/2019/11/Full-Report-Generation-Z-in-the-Workplace.pdf.

M., Hurrelmann, K., & Quenzel, G. (2019). *Jugend 2019-18. Shell Jugendstudie: Eine Generation meldet sich zu Wort.* Beltz 2019.

Mannheim, K. (1928). *Das Problem der Generationen,* https://www.1000dokumente.de/index.html?c=dokument_de&dokument=0100_gen&object=context&l=de.

New Work (2023). *Generationen-Auswertung des Job-Netzwerks XING - Jung, qualifiziert, wechselwillig: So tickt die GenZ.* https://www.new-work.se/de/newsroom/pressemitteilungen/2023_pm_xing_jung_qualifiziert_wechselwillig_so_tickt_die_gen_z.

Occuperso (2023). *Ghosting im Bewerbungsprozess – gruselige Zahlen.* https://occuperso.com/ghosting-im-bewerbungsprozess-gruselige-zahlen/

onlyfy by XING (2023). *Wechselwilligkeitsstudie 2023 by forsa.* https://onlyfy.com/de/downloads/whitepaper-forsa-studie/.

Page, D. (2021). *7 advantages Generation X has over others in the workplace.* https://www.theladders.com/career-advice/7-advantages-generation-x-has-over-others-in-the-workplace.

Personio (2022), *Generation X: 10 Tipps zu Recruiting und Mitarbeiterbindung.* https://www.personio.de/hr-lexikon/generation-x/

Price Waterhouse Cooper (2023). *Gen Z ist talking. Are you listening?* https://www.pwc.de/de/handel-und-konsumguter/gen-z-is-talking-are-you-listening.pdf

Randstadt (2022). *Workmonitor 2022.* Umfrage vom 18. – 30.Oktober 2022 Stichprobengröße 35.000 Erwerbstätige zwischen 18 und 67 Jahren.

Ravens-Sieberer, U.; Kaman, A.; Otto, C.; Adedeji, A.; Devine, J.; Erhart, M.; Napp, A.; Becker, M.; Blanck-Stellmacher, U.; Löffler, C.; Schlack, R.; Hurrelmann, K. (2020). *Mental health and quality of life in children and adolescents during the COVID-19 pandemic—results of the COPSY study.*

Santer, N., Manago, A., & Bleisch, R. (2023). Narratives of the self in polymedia contexts: Authenticity and branding in Generation Z. Qualitative Psychology, 10(1), 79–106. https://doi.org/10.1037/qup0000232S.

Santer, N., Manago, A., & Bleisch, R. (2023). Narratives of the self in polymedia contexts: Authenticity and branding in Generation Z. *Qualitative Psychology, 10*(1), 79–106. https://doi.org/10.1037/qup0000232.

Schnetzer, Simon; Hampel, Kilian; Hurrelmann, Klaus (2023). *Trendstudie Jugend in Deutschland. Aktuelle Krisen belasten Jüngere stärker als Ältere - ein Generationenkonflikt bleibt aus.*

Scholz, C., & Grotefend, L. D. (2019). Generation Z in Germany: The (Un) Typical German?. In: *Generations Z in Europe* (pp. 169-197). Emerald Publishing Limited.

Schröder, M. (2018). *Der Generationsmythos.* https://doi.org/10.1007/s11577-018-0570-6.

Threlkeld, Kristy (2021). *Employer Ghosting: A Troubling Workplace Trend.* https://www.indeed.com/lead/impact-of-covid-19-on-job-seeker-employer-ghosting.

Unicef (2020). *UNICEF: Kindeswohl auch in reichen Ländern in Gefahr.* h ttps://www.unicef.de/informieren/aktuelles/presse/-/report-kindeswohl-in-reichen-laendern-in-gefahr/276444.

Zukunftsinstitut (2020). *Mentale Gesundheit der Jugendlichen in Deutschland.* https://www.zukunftsinstitut.de/zukunftsthemen/generation-z-mental-imbalance-youth.

Zukunftsinstitut (2020). *Trendstudie Die Generation Z in der Arbeitswelt von morgen, »Lebensstile: Kunden verstehen, Märkte erobern!«.*

Zukunftsinstitut im Auftrag von Peek & Cloppenburg (2021). *New Work. Die Generation Z in der Arbeitswelt von morgen,* https://karriere.peek-cloppenburg.de/sites/default/files/2022-10/newwork_2022-10-24.pdf.

HERZLICHEN DANK

Ein großes Dankeschön geht an meinen Ehemann, Dr. Thomas Nickel, der mir als Psychiater und Psychologe inhaltlich und manchmal auch nervlich zur Seite stand. Ohne dich wäre das Buch so nicht entstanden.

Die Idee für dieses Buch hat Tommy Schmoll, bester Literaturagent ever, möglich gemacht. Immer wertschätzend und im konstruktiven Austausch, konnte das Baby gedeihen.

Was wäre ich ohne mein Management Maasgenau. Liebe Lea und lieber Jochen, mit dem *Handelsblatt*-Gastbeitrag ging alles los. Ihr wart von Anfang an meiner Seite und habt mir die Medienbühnen geöffnet. Ein weiteres großes Dankeschön gilt dem FinanzBuch Verlag und insbesondere Susanne Beinvogl, Nadja Rougnon-Glasson und Georg Hodolitsch, die bei der Geburt des Buches geholfen haben. Ein großes Danke geht an Daniel Dilger, der als Soziologe die aktuelle Studienlage ausgewertet hat. Damit warst du eine große Unterstützung, lieber Daniel.

Ein Buch braucht immer auch Menschen, die einen inspirieren. Danke an Christiane Funken, Soziologieprofessorin, für das tolle Sparring, auch du warst in den Geburtsstunden des Buches dabei. Lieben Dank an dich, Jens Corssen, Psychologie und Bestsellerautor, mein geschätzter Mentor, für den regen Diskurs und deine guten Ideen. Und meinen lieben Freunden möchte ich auch danken, die mich beim Buch unterstützt und manchmal auch ausgehalten haben. Eine weitere Inspirationsquelle sind meine zwei Enkelkinder, Severin und Emilian, mit denen ich viel erlebe, lerne und lachen darf und die mich immer wieder ins Hier und Jetzt bringen.

Was wäre ein Buch ohne Beispiele und Geschichten aus der Praxis? Danke an all meine Kundinnen und Kunden, darunter Unternehmer, Führungskräfte, Mitarbeiter, die das Buch mit ihren Geschichten bereichern, und auch an alle Menschen aus den verschiedenen Generationen. Egal ob Boomer, X, Y, Z, alle Sichtweisen und Interessen sind wichtig, um am Ende gemeinsam Lösungen zu finden.